含液固体等效力学性质及其边界元模拟方法

黄拳章　王学仁　王哲君　著

西北工业大学出版社

西　安

【内容简介】 本书主要研究流体夹杂问题的理论解以及适于多夹杂问题的边界元求解方法。全书共分6章，内容包括多孔介质理论、夹杂问题以及边界元方法的发展现状，宏(微)观流体夹杂无限大问题的解析解，流体夹杂问题的边界元叠加法及多子域法，模拟含液固体材料等效力学性质的边界元方法以及适用于多类型夹杂问题的边界元统一求解方法，最后介绍了黏弹性夹杂问题的边界元法。

本书可作为高等学校力学和材料学专业研究生和相关科技人员的参考资料，也可为弹性力学夹杂问题研究、边界元法应用以及一些轻质吸能含液固体新材料的微结构设计提供参考。

图书在版编目(CIP)数据

含液固体等效力学性质及其边界元模拟方法 / 黄拳章，王学仁，王哲君著．— 西安：西北工业大学出版社，2020．12

ISBN 978-7-5612-6791-2

Ⅰ．①含… Ⅱ．①黄… ②王… ③王… Ⅲ．①固体力学-等效-性能 ②固体力学-等效-边界元法 Ⅳ．①O34

中国版本图书馆CIP数据核字(2020)第043810号

HANYE GUTI DENGXIAO LIXUE XINGZHI JI QI BIANJIEYUAN MONI FANGFA

含液固体等效力学性质及其边界元模拟方法

责任编辑：李阿盟		**策划编辑**：华一瑾	
责任校对：孙 倩 刘 敏		**装帧设计**：李 飞	
出版发行：西北工业大学出版社			
通信地址：西安市友谊西路127号		邮编：710072	
电　　话：(029)88491757，88493844			
网　　址：www.nwpup.com			
印 刷 者：陕西向阳印务有限公司			
开　　本：787 mm×1 092 mm		1/16	
印　　张：7.5			
字　　数：197千字			
版　　次：2020年12月第1版		2020年12月第1次印刷	
定　　价：36.00元			

如有印装问题请与出版社联系调换

前　言

含液固体介质在自然界中普遍存在，如岩石、土壤、植物根茎、骨骼、泡沫混凝土以及一些具有抗振吸能特性的功能材料等。含液固体微观结构非常复杂，其主要特征是孔隙尺寸小、比表面积大，多由固、液、气三相组成，内部的微裂纹和微孔洞或相互连通，或单独分布，而且饱和孔、非饱和孔和“干”孔有可能同时存在，这些微观结构和流体夹杂对材料的力学性质、传热特性、吸能特性以及声波传播特性等有着非常重要的影响。含液固体等效力学性质研究是材料学、地球物理学以及固体力学中的基本问题之一，如何采用有效的数值方法研究含液多孔固体的相关力学计算问题，以及如何确定含液多孔固体介质材料的等效力学性质不仅具有重要的学术价值，同时也具有重要的工程意义。

本书重点研究含液固体材料的等效力学性质及其边界元数值模拟方法，主要内容分为五个部分。首先介绍含液固体材料等效力学性质的研究现状；接着从宏观和微观两个尺度讨论流体夹杂无限大问题的理论解；然后建立适合流体夹杂问题的边界元数值求解方法，包括叠加法和多子域法；进而采用边界元多子域法模拟含液固体介质的等效力学性质，讨论流体夹杂的形状、体积分数、夹杂与基体模量比等因素对材料宏观力学性能的影响规律；在此基础上，根据弹性夹杂、流体夹杂、刚性夹杂、孔隙夹杂问题的特点，讨论这几类夹杂问题的统一求解方案；最后介绍求解黏弹性夹杂问题的边界元法。

本书是笔者近几年的主要研究成果的总结。全书共 6 章，其中第 1，2，4，5 章约 11 万字由黄拳章撰写，第 3 章约 4.2 万字由王学仁撰写，第 6 章约 3.6 万字由王哲君撰写。感谢中国博士后科学基金(基金编号：2015M572781)的大力资助，感谢对本书研究成果给予很大启迪和帮助的姚振汉教授、郑小平副教授、刘应华教授、关正西教授、李爱华教授和强洪夫教授，感谢给予热心帮助的同事和朋友。

本书可作为高等学校力学和材料学专业研究生和相关科技人员的参考资料，也可为弹性力学夹杂问题研究、边界元法应用以及一些轻质吸能含液固体新材料的微结构设计提供参考。

由于水平有限，书中难免存在不足之处，恳请读者批评指正。

著　者

2020 年 8 月

目　录

第1章 绪　　论

1.1 含液固体概述

含液固体材料在自然界广泛存在，如生物组织、骨骼、植物根茎、饱和岩土、胶体材料、发泡塑料、软物质材料以及一些结构可设计的特殊功能材料，它们大多是流体与固体材料的复合体，其中的闭孔流体通常被称为流体夹杂。含液固体介质的主要特征是孔隙尺寸小、比表面积大，如图1.1所示，它们多由固、液、气三相组成，其微观结构中含有大量密集成群的微小孔隙，孔隙内全部或部分充满了流体，或者孔是干孔。根据孔隙内含液体的多少，可将多孔介质分为饱和多孔介质、非饱和多孔介质和干固体。

近年来，随着土力学、岩石力学、材料科学以及地球物理学的发展，关于含液固体材料的研究引起了人们浓厚的兴趣。含液固体材料的力学行为研究涉及多个重要基础领域：在石油和页岩气开采方面，涉及多孔介质理论与油气渗流力学、油藏物理等基础研究；在生物力学方面，涉及生物仿生、生物组织的力学行为等基本问题；在材料学方面，涉及材料的力学性能研究与新材料的研发等重要问题。

含液固体介质的微观结构非常复杂，内部存在大量的微裂纹和微孔洞，这些孔洞或相互连通，或单独分布，而且饱和孔、非饱和孔和“干”孔有可能同时存在。由于流体夹杂之间以及夹杂与基体之间存在复杂的相互作用，所以该类材料呈现复杂的力学行为。目前研究表明：无内压情况下，流体夹杂将降低材料的刚度[1-3]；但对于较软的基体材料，当流体夹杂小于某一特征尺寸时，将会增加材料的刚度[4-5]。事实上，材料属性、外力作用、夹杂形状、尺寸、分布规律、体积分数、内压和表面张力等许多因素都将影响含液固体的力学行为，其内在机理非常复杂，目前并不完全清楚，还存在一些重要问题如：文献[1-2]与文献[3]中关于含单个流体夹杂问题理论解不一致的问题；流体夹杂尺寸效应和表面张力对材料刚度的影响机理以及如何进行有效数值计算等诸多问题，亟待进行深入研究和讨论。

本书总结了笔者近期的研究成果，以含闭孔型流体夹杂的固体材料为对象，以含单个流体夹杂问题为突破点，从是否考虑流体夹杂尺寸效应的微(细)观和宏观两个方面，进一步完善关于流体夹杂问题的基本理论，运用边界元方法模拟含液固体材料的宏观力学性能，深入研究孔隙率、流体可压缩率和孔隙分布等细观因素对含液固体材料宏观力学性能的影响，进一步拓宽了边界元法在同时含孔隙、流体夹杂、弹性夹杂和刚性夹杂的多类型夹杂问题以及黏弹性夹杂问题中的应用。

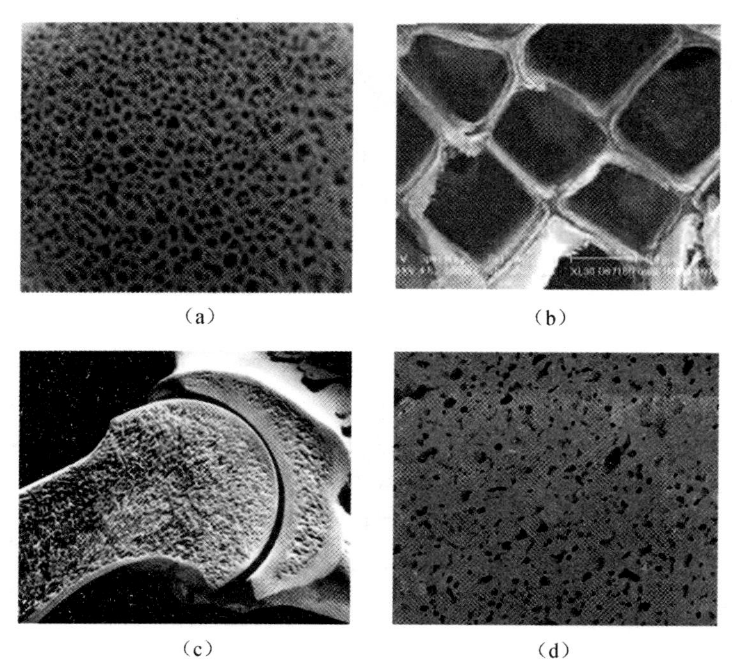

图 1.1 多孔介质微观结构图

(a)泡沫混凝土;(b)植物茎秆微观组织;(c)骨骼剖面;(d)玄武岩

1.2 多孔介质理论概述

含液固体属于多孔介质范畴。多孔介质理论的起源可以追溯到 18 世纪 Darcy 定律、Delesse定律和 Fick 定律等三大定律的提出,尽管这些定律不是从力学和热力学的基本关系出发而发展起来的,但它们为现代多孔介质理论的发展奠定了重要基础。二十世纪二三十年代,维也纳工业大学的 Fillunger 和 Terzaghi 率先采用公式化的语言描述了饱和含液多孔固体的一些重要物理效应,为多孔介质理论的建立奠定了基础。Heinrich 和 Biot 在 Fillunger 和 Terzaghi 的研究基础上分别对多孔介质理论进行了进一步的研究,并经后人不断完善和发展,最终形成了关于多孔介质的两大理论体系,即 Biot 理论和混合物理论。

Terzaghi 最早提出的固结理论只适用于二维问题,在此基础上,Biot[6-7] 将它拓展应用到了空间问题中,并且建立了对任意瞬态载荷都适用的控制方程,形成了著名的 Biot 理论。Biot 理论对多孔介质的基本假设如下:

(1)孔隙均匀分布并相互连通,孔隙的特征尺寸远小于波长;

(2)固体基质呈现弹性特征,应变限于小应变范围;

(3)流体在孔隙中的流动遵循 Darcy 定律,并认为流体不可压缩;

(4)不考虑流体与骨架之间的化学作用和热弹性的影响。

尽管 Biot 理论最初并不是由基本的力学和热力学原理发展起来的,但随着众多研究者的努力,Biot 理论被不断完善,至今已经成为多孔介质研究领域中最成功的理论之一。

Truesdell[8], Bowen[9] 和 De Boer[10] 等学者在 Fillunger 和 Heinrich 的研究工作基础上，经过不断研究和逐渐完善，发展形成了混合物理论，其中 Truesdell 首先建立了混合物理论的公理化体系，而 Bowen 则总结了二十世纪六七十年代关于混合物理论的所有发现。混合物模型实际上就是叠加的连续体模型，它首先对多相孔隙介质进行均匀化，对于任意一个在宏观尺度上足够小而在微观尺度上却足够大的控制体，假设各组分材料在其内部均匀分布、互相重叠并相互作用，对各组分材料先分别建立本构方程，然后通过体积分数建立各组分参量与混合物真实参量的关系。该方法能够很好地描述材料的整体性质，而不局限于具体的微(细)观结构，但随之带来的不足就是不能足够直观和准确地对某一具体的物理现象进行描述。

针对 Biot 理论和混合物理论，学者们发展了相应的数值方法。其中，Ghaboussi[11]，Zienkiewicz[12]，Simon[13]，Prevost[14]，Sandhu[15]，Schrefler[16] 和 Diebels[17] 发展了处理饱和多孔介质动力响应问题的有限元法，而为了克服有限元法在使用方面的某些困难，Dominguez[18-19]，Cheng[20] 和 Chen[21] 等人发展了处理饱和多孔介质动力响应的边界元法。

多孔介质理论在很多工程领域，如土力学、石油工业、材料科学、生物力学、流化床理论等方面，都有着广泛的应用。国内也有很多学者，如门福录等人[22]，章根德等人[23]，汪越胜等人[24]，李锡夔等人[25-26]，张洪武等人[27-28]，杨松岩等人[29]，梁利华等人[30]，刘颖等人[31]，黄义等人[32]，黄茂松等人[33]，刘占芳等人[34]、杨骁等人[35]，徐小明等人[36]，赵成刚等人[37]，杨庆生等人[38]分别在土力学、岩石力学、波动理论和数值方法等研究领域对 Biot 理论和混合物理论进行了发展完善和研究应用。

尽管 Biot 理论和混合物理论凭借各自的特色和优势，能够在含液多孔固体介质的研究领域里并驾齐驱，但它们在本质上是一致的[31, 39]，因为“它们都是从宏观的角度，将液饱和多孔介质处理成一个均匀连续的替代模型来进行研究的，其反映的并不是真实的含液多孔固体介质，而是替代模型的性质”[31]，而且侧重于研究波的传播对多孔介质的响应。本书将尽可能真实地建立含液多孔固体介质的数值计算模型，从宏观角度研究含液多孔固体介质的等效力学性质。

1.3　夹杂材料等效力学性质研究现状

通常所说的夹杂材料多指固体夹杂，本书将夹杂的概念进行扩展，认为孔隙和包裹在固体介质的孤立流体都是夹杂，这是因为它们的材料属性与周围材料不完全相同。根据夹杂性质的不同，本书将夹杂分为弹性夹杂、刚性夹杂、流体夹杂和孔隙夹杂。

对于固体夹杂非均质材料，目前有很多方法可用于其等效力学性质研究，其中比较成熟的方法主要有等效介质近似方法、渐进均匀化方法、胞元法和数值方法。等效介质的思想最早由 Eshelby[40] 提出，经众多学者的发展和完善形成了包括 Hashin－Shtrikman 上下限理论、自洽法、广义自洽法、微分法、Mori－Tanaka 方法以及相互作用直推法(IDD)在内的等效介质近似方法，这类方法均可用广义 Budiansky 能量原理进行统一描述，其不同之处在于夹杂相平均应变的计算方法不同，但它们仅局限于描述球形或者椭球形夹杂，也不能精确描述各个夹杂之间的相互作用。渐进均匀化求解方案最早由 Bensoussan[41] 等人提出，该方法不仅可计算复合材料的宏观等效力学特性。还可求得局部的应力和应变值；但它仅适用于简单的几何形状和材料模型，通常也仅限于小应变情况。胞元法最早由 Hill[42] 提出，主要是基于代表性体积单元(Representative Volume Element，RVE)的概念，并用有限元法计算得到代表性体积单元(RVE)的结果，最终求得复合材料的宏观等效力学特性。该方法仅适用于小变形情况和一些简单的材料模型，对于非常复杂的微结构和非线性材料，很难选取合适的 RVE 单元。数值方法主要是有限元法和边界元法，前者经常受限于求解规模，因此常与胞元法一起使用；后者具有降维求解、精度高和便于模拟复杂几何边界等优点，特别是快速多极算法的发展大大提高了边界元法求解大规模问题的能力，因此边界元法在含夹杂的复合材料数值模拟领域具有很大的潜力和优势。

流体夹杂非均质材料由于其夹杂属性与固体的截然不同，不能承受拉伸和剪切载荷作用，所以上述方法还不能直接用于流体夹杂问题。关于含液多孔固体等效力学性质的研究工作主要包括 O'Connell 和 Budiansky[43-44] 研究了含液固体介质的等效弹性性质，其研究对象是随机分布且纵横比相同的裂纹状流体夹杂；Zimmerman [45] 讨论了孔洞相互连通时的压力极化(polarization)现象；Kachanov、Tsukrov 和 Shafiro[1] 研究了含裂纹状流体夹杂的固体介质的等效弹性响应和流体压力极化现象；Shafiro 和 Kachanov[2] 将该方法推广到三维任意形状的流体夹杂问题；Giraud 和 Huynh[46] 等人运用 Eshelby 张量确定各向异性岩石类复合材料的等效力学性质。

对于饱和及非饱和多孔介质力学问题，国内许多学者也在含液固体介质弹性模量预测和数值方法等方面进行了一系列深入研究。例如：张洪武[47] 对饱和及不饱和多孔介质的应变局部化进行了系统的数值模拟研究，并总结了关于饱和多孔介质应变局部化有限元分析的新进展，研究重点在于应变局部化，但没有考虑流体夹杂对材料宏观力学性质的影响；王海龙、李庆斌[48] 利用夹杂等效弹性模量的思想和 Mori - Tanaka 方法研究了饱和状态孔隙水对混凝土弹性模量的影响；李春光、王水林等人[49] 研究了多孔介质孔隙率与体积模量的关系；马连华、杨庆人[50] 利用细观力学方法，将等效夹杂原理推广到含流体夹杂复合材料的有效性能问题中，建立了含内压流体复合材料的力学模型，但夹杂形状比较复杂且分布密集时，该模型不能考虑夹杂之间的相互作用，因此它在实际应用中具有一定的局限性。吕军等人[51] 基于扩展多尺度有限元法提出了含液闭孔结构多尺度拓扑优化方法，研究含液闭孔胞元分布对整体含液闭孔结构力学性能的影响。

以上研究均未考虑夹杂界面的表面/界面效应，而当夹杂为纳米尺度时，表面/界面效应的影响则不能忽视。表面/界面应力的概念最早由 Gibbs 提出，Gurtin 和 Murdoch[52-53] 建立了考虑表面弹性效应的连续介质力学模型，Povstenko[54] 给出了描述界面效应的广义 Young - Laplace 方程，该方程与 Gurtin 的本构方程一致，而 Miller 和 Shenoy[55] 通过原子模拟证实了上述理论分析结果。段慧玲等人[56] 在线弹性框架内研究了表/界面应力效应对含纳米夹杂材料等效力学性质的影响，给出了含球形纳米夹杂材料等效模量的封闭表达式，研究认为通过设计改变表面参数可使纳米介孔材料的等效弹性模量超过基体材料。对于纳米流体夹杂，耶鲁大学 R. W. Style 等人[5] 认为，纳米尺度流体夹杂的表面张力将发挥重要作用，当基体材料较软时，流体夹杂可以增强材料的等效刚度，但该研究仅限于圆形流体夹杂，没有详细考察基体与夹杂模量比和泊松比等参数对材料宏、微观力学性能的影响，对流体夹杂如何增强材料等效刚度的机理也有待进一步研究。

1.4　边界元法的发展概况

在物理学、力学以及诸多工程技术领域，有很多问题都可以抽象为求解偏微分方程的初值-边值问题。其中，只有初始条件而没有边界条件的问题称为初值问题，反之，只有边界条件而不考虑初始条件的问题则称为边值问题，也可以把初始条件作为时间边界条件，而边界条件称为空间边界条件，统一将这类问题称为边值问题。对于工程上抽象出来的这些问题，只有极少数能够根据边界条件求出其偏微分方程的解析解[57]，而大多数问题只能采用近似方法进行求解，特别是随着计算机的广泛应用，数值方法已经发展成为求解边值问题的一种行之有效的方法。这些求解偏微分方程的数值方法可分为三大类，其中微分提法对应着有限差分法（Finite Difference Method, FDM），它在流体力学分析领域占领主导地位；变分提法对应着有限元法（Finite Element Method, FEM），它在固体与结构分析领域占领主导地位；积分提法对应着边界元法（Boundary Element Method，BEM），目前它在计算固体和结构力学领域成为有限元法最重要的补充。

积分方程理论是边界元法的理论基础，它的研究可以追溯到 20 世纪初，但当时仅从理论上对各类问题推导积分方程，并未涉及数值计算。随着计算机技术的飞速发展和有限元法的出现，边界积分方程法有了新的突破，它借鉴了有限元法的离散化思想却又有所不同，它是通过在求解区域的边界上划分网格而将边界积分方程离散为代数方程组的边界型数值方法[57-58]。Jaswon[59] 和 Symm[60] 于 20 世纪 60 年代初率先研究了位势问题的边界积分方程直接解法；随后不久，Rizzo[61] 提出了一种直接边界元法用于弹性静力学问题的求解，而 Cruse 和 Rizzo[62-63] 则将直接边界元法用于弹性动力学问题的求解，这些成果的出现标志着边界元法开始作为一种有效的数值工具被应用于实际问题的求解中。1978 年，Cruse[64] 首次采用边界元法求解线弹性断裂力学的平面问题，同一年，著名的专著 *The Boundary Element Method for Engineers*[65] 问世，该书作者 Brebbia 首次使用了“边界元法（Boundary Element Method）”这个术语。从此，边界元法引起了学术界的广泛兴趣，并蓬勃发展起来。目前，边界元法除在固体力学领域有较好的应用外，还在流场、热传导、声场和电磁场等领域有了成功的应用。国内学者对边界元法的研究始于 20 世纪 70 年代末，杜庆华院士等人[66] 率先在国内开展了边界元法的相关研究，对我国边界元法的研究和应用方面发挥了重要的推动作用。

降维求解是边界元法一个最大的特点，它将空间问题和平面问题分别变换为求解区域边界面上的二维问题和边界线上的一维问题。与有限元法和有限差分法等区域型数值方法相比，边界元法只需在边界上划分网格，而不需在求解域内进行离散，因此它不仅减少了求解问题的规模，而且也大大降低了建立离散模型的难度。故而，边界元法在求解具有复杂边界或复杂界面形状结构（如：颗粒或纤维增强复合材料结构）的问题时，可以发挥很大的优势。由于在边界积分方程中采用了解析基本解，所以除了在一般情况下不能精确满足边界条件外，边界元法的解答能够精确地满足域内的微分方程，而当插值函数能够精确描述边界变量的分布规律时，边界元法解的误差将只来源于计算机的运算误差，而没有离散误差，由它得到的边界面力将比由位移型有限元法得到的边界应力更为精确，因为采用边界元法求解时，边界面力与位移具有同等的精度。

然而，边界元法的适用范围却远没有有限元法广泛，它最突出的弱点是求解方程的系数矩阵为非对称的满阵，导致解题规模受到很大的限制。对于具有 N 量级边界自由度的系统，其系数矩阵的存储需要 $O(N^2)$ 量级的空间；一般采用高斯消去法求解代数方程组，此时的计算量将高达 $O(N^3)$ 的量级；而随着 N 的增加，所需的存储量和计算量将分别以 $O(N^2)$ 和 $O(N^3)$ 的量级急剧增长，致使求解效率急剧下降[67-69]。

为了提高边界元法的计算效率，边界元法的研究者们进行了不懈的努力。迭代法逐渐替代高斯消去法被广泛应用于边界元代数方程组的求解[70-79]，因为它将求解边界元代数方程组的计算量由高斯消去法的 $O(N^3)$ 量级降至 $O(N^2)$ 的量级。目前，应用最为广泛的迭代法是共轭梯度法（Conjugate Gradient，CG）[80-82] 和广义极小残数法（Generalized Minimum Residue，GMRES）[83]。虽然迭代法在求解效率方面比高斯消去法有较大的改进，但它在求解方程时仍然需要显式存储系数矩阵，从而导致该算法在求解效率方面受到了很大的限制。

随着快速多极算法[84-88]被引入边界元法中，上述解题规模的瓶颈问题得到了圆满的解决。对于具有 N 量级自由度的问题，快速多级边界元法[89-96]将常规边界元法的运算量由 $O(N^3)$的量级降到 $O(N)$的量级。随着研究的进一步深入，快速多极算法已在一些大规模工程与科学问题分析计算中发挥着越来越大的作用。

第2章 椭圆形流体夹杂无限大问题的理论解

含单个椭圆形流体夹杂的无限大平面问题是含液固体的一般性问题，鉴于 Kachanov 等人给出的细观力学解[1-2]与文献[3]中的结果不一致，需要进一步讨论和认识。本章首先采用复变函数保角变换方法推导外载荷作用下椭圆形流体夹杂内部压力的解析解，发现与 Kachanov 解仍不一致，但退化成圆形后结果与文献[3]中的理论推导和数值模拟结果均一致。为了澄清疑问，再现了 Kachanov 等人关于椭圆形流体夹杂内部压力解析解的推导过程，并以同样的思路推导了含圆形流体夹杂轴对称问题的流体压力的解析解，并将其推广到无限大问题，之后与 Kachanov 等人关于圆形流体夹杂中流体压力解中的对应部分进行了对照分析，指出了两者不一致的原因。在此基础上，考虑流体夹杂的尺寸效应，基于 Young－Laplace 方程导出了考虑表面张力时流体夹杂内部压力与外载荷的关系，解释了流体夹杂在特定条件下能够增强固体基体的原因。

2.1 问题描述

如图 2.1 所示，含椭圆形流体夹杂的无限大平面在远方受双向压力作用，椭圆的长、短半轴分别为 a 和 b，第一和第二主应力分别为 σ_1 和 σ_2，其中 σ_1 的方向与 x 轴正方向的夹角为 α，流体为无黏的可压缩性流体，可压缩率为 κ，内部产生的压力为 q。

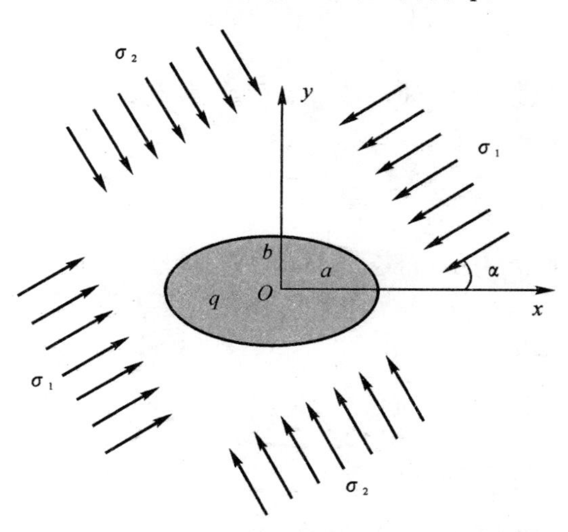

图 2.1 远场应力作用下含椭圆形流体夹杂的无限大平面

Shafiro 和 Kachanov 等人在文献[2]中给出了 $\sigma_1=-p$，$\sigma_2=0$ 时流体压力的表达式为

$$q=-\frac{1+\lambda^2+\lambda(1-\nu')-(1-\lambda^2)\cos2\alpha}{2(\lambda^2+1)+\lambda\kappa E'}p \tag{2-1}$$

式中，$\lambda=b/a$ 为椭圆的长细比；E' 和 ν' 分别为平面应变状态下基体的弹性模量和泊松比；κ 表示流体的可压缩率，当 $\kappa=0$ 时表示流体不可压缩。根据叠加原理和式(2-1)，可给出图 2.1 所示远场双向应力作用下含椭圆形流体夹杂无限大平面问题中流体夹杂的压力表达式为

$$q=\frac{1+\lambda^2+\lambda(1-\nu')-(1-\lambda^2)\cos2\alpha}{2(\lambda^2+1)+\lambda\kappa E'}\sigma_1+\frac{1+\lambda^2+\lambda(1-\nu')+(1-\lambda^2)\cos2\alpha}{2(\lambda^2+1)+\lambda\kappa E'}\sigma_2 \tag{2-2}$$

为讨论方便，将式(2-1)和式(2-2)简称为 Kachanov 解。

2.2 椭圆形流体夹杂平面问题的保角变换解法

采用保角变换方法，先将物理平面 z 内的椭圆变换为像平面 ζ 上的单位圆，然后求出复函数 $\varphi(\zeta)$ 和 $\psi(\zeta)$，进而可求得含椭圆形流体夹杂无限大平面问题的位移场和应力场。在 z 平面内，以椭圆中心点为圆心，建立正交曲线坐标系(ρ,θ)，如图 2.2 所示。图 2.2(a) 中椭圆孔的边界点 t 经过变换成为图 2.2(b) 中圆形的边界点 σ。

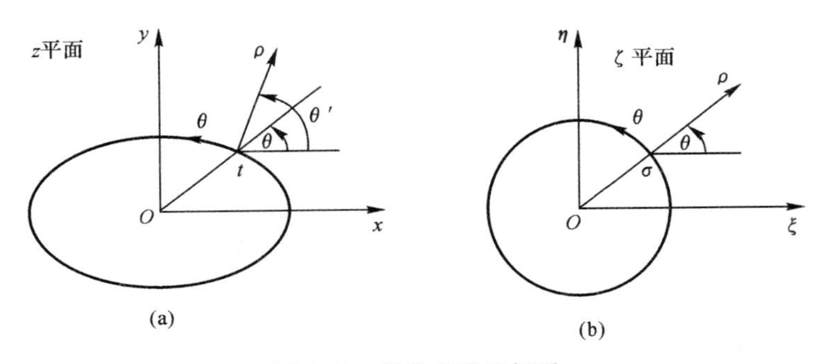

图 2.2　保角变换坐标系

在椭圆孔边界上沿切线和法线方向的位移分量分别为 u_θ 和 u_ρ，则根据复变函数理论，两者的位移组合[97] 为

$$2G(u_\rho+\mathrm{i}u_\theta)=\frac{\bar{\zeta}}{\rho}\frac{\overline{\omega'(\zeta)}}{|\omega'(\zeta)|}\left[\kappa'\varphi(\zeta)-\frac{\omega(\zeta)}{\overline{\omega'(\zeta)}}\overline{\varphi'(\zeta)}-\overline{\psi(\zeta)}\right] \tag{2-3}$$

式中，G 表示基体的剪切模量；κ' 代表材料常数(平面应变条件下 $\kappa'=3-4\nu$，平面应力条件下 $\kappa'=(3-\nu)/(1+\nu)$)；$\zeta=\rho e^{i\theta}$ 是像平面内任意点的坐标；ρ 和 θ 分别表示 z 平面内的正交曲线坐标；$\omega(\zeta)$ 是 z 平面与 ζ 平面之间的保角变换函数，变换函数为

$$\left.\begin{aligned}&z=\omega(\zeta)=R\left(\frac{1}{\zeta}+m\zeta\right)\\&R=\frac{a+b}{2}\\&m=\frac{a-b}{a+b}\end{aligned}\right\} \tag{2-4}$$

该变换将 ζ 平面上单位圆的内域变换为 z 平面上椭圆的外域。在单位圆周上，式(2-3)中与变换函数 $\omega(\zeta)$ 相关的函数的具体表达式为

$$\left.\begin{aligned}
&\bar{\zeta}=\zeta^{-1}\\
&\omega'(\zeta)=R(m-\zeta^{-2})\\
&\overline{\omega'(\zeta)}=R(m-\zeta^{2})\\
&|\omega'(\zeta)|=R\sqrt{1+m^{2}-2m\cos2\theta}\\
&\frac{\omega(\zeta)}{\overline{\omega'(\zeta)}}=\frac{(m\zeta^{2}+1)}{\zeta(m-\zeta^{2})}\\
&\frac{\bar{\zeta}}{\rho}\frac{\overline{\omega'(\zeta)}}{|\omega'(\zeta)|}=\frac{1}{\rho\zeta}\frac{(m-\zeta^{2})}{\sqrt{1+m^{2}-2m\cos2\theta}}
\end{aligned}\right\}\tag{2-5}$$

当 $\sigma_1=\sigma_2=-p$ 时，把椭圆孔内的流体压力 q 作为内边界条件，从而可求得复函数的表达式为

$$\left.\begin{aligned}
&\varphi(\zeta)=-\frac{p}{2}R\left(\frac{1}{\zeta}+m\zeta\right)-(q-p)Rm\zeta\\
&\varphi'(\zeta)=\frac{p}{2}R(m+\zeta^{-2})-qRm\\
&\overline{\varphi'(\zeta)}=\frac{p}{2}R(m+\zeta^{2})-qRm
\end{aligned}\right\}\tag{2-6}$$

$$\left.\begin{aligned}
&\psi(\zeta)=\frac{1+m^{2}}{m\zeta^{2}-1}(q-p)R\zeta\\
&\overline{\psi(\zeta)}=\frac{1+m^{2}}{m-\zeta^{2}}(q-p)R\zeta
\end{aligned}\right\}\tag{2-7}$$

将式(2-5)～式(2-7)代入位移组合式(2-3)可得

$$\begin{aligned}
2G(u_\rho+\mathrm{i}u_\theta)=&\frac{\bar{\zeta}}{\rho}\frac{\overline{\omega'(\zeta)}}{|\omega'(\zeta)|}\left[\kappa'\varphi(\zeta)-\frac{\omega(\zeta)}{\overline{\omega'(\zeta)}}\overline{\varphi'(\zeta)}-\overline{\psi(\zeta)}\right]=\\
&\frac{1}{\rho\zeta}\frac{(m-\zeta^{2})}{\sqrt{1+m^{2}-2m\cos2\theta}}\left\{-\kappa'\frac{p}{2}R\left(\frac{1}{\zeta}+m\zeta\right)-\kappa'(q-p)Rm\zeta\right.\\
&\left.-\frac{(m\zeta^{2}+1)}{\zeta(m-\zeta^{2})}\left[\frac{p}{2}R(m+\zeta^{2})-qRm\right]-\frac{1+m^{2}}{m-\zeta^{2}}(q-p)R\zeta\right\}=\\
&\frac{1}{\rho}\frac{1}{\sqrt{1+m^{2}-2m\cos2\theta}}\left\{-\kappa'\frac{p}{2}R\left[m(\zeta^{-2}-\zeta^{2})+m^{2}-1\right]\right.\\
&-\kappa'(q-p)Rm(m-\zeta^{2})-(1+m^{2})(q-p)R\\
&\left.-(m+\zeta^{-2})\left[\frac{p}{2}R(m+\zeta^{2})-qRm\right]\right\}
\end{aligned}\tag{2-8}$$

从式(2-8)中分离实部和虚部，可得 z 平面内正交曲线坐标系下的法向位移 u_ρ 和切向位移 u_θ，即

$$\left.\begin{aligned}
u_\rho=&\frac{1}{4G\rho}\frac{1}{\sqrt{1+m^{2}-2m\cos2\theta}}\left[pR(\kappa'+1)(m^{2}+1)-2qR-2\kappa'qRm^{2}\right.\\
&\left.+2(\kappa'+1)(q-p)Rm\cos2\theta\right]\\
u_\theta=&\frac{1}{2G\rho}\frac{1}{\sqrt{1+m^{2}-2m\cos2\theta}}(\kappa'-1)qRm\sin2\theta
\end{aligned}\right\}\tag{2-9}$$

在椭圆孔上任意点的位移确定之后，椭圆孔的变形状态就确定了，变形后的面积以及面积变化量都可以根据已知椭圆的几何参数以及变形后的位移确定。其中，椭圆孔的面积变化等于椭圆孔的法向位移在弧长 ds 上的积分，即

$$\Delta S = \int_s u_\rho \mathrm{d}s \tag{2-10}$$

根据式(2-4)可知，椭圆的参数方程可表示为

$$\left.\begin{aligned} x &= R(1+m)\cos\theta \\ y &= -R(1-m)\sin\theta \end{aligned}\right\} \tag{2-11}$$

根据高等数学弧长积分理论，可得椭圆边上的弧长微分，即

$$\begin{aligned} \mathrm{d}s &= R\sqrt{(x'(\theta))^2 + (y'(\theta))^2}\,\mathrm{d}\theta = \\ & R\sqrt{(1+m)^2\sin^2\theta + (1-m)^2\cos^2\theta}\,\mathrm{d}\theta = \\ & R\sqrt{1+m^2-2m\cos 2\theta}\,\mathrm{d}\theta \end{aligned} \tag{2-12}$$

考虑到进行保角变换时，将物理平面 z 内椭圆的外域变换到了像平面 ζ 内单位圆的内域，椭圆孔的边界正方向是顺时针方向，而单位圆的边界正方向则是逆时针方向，因此椭圆孔的面积变化等于椭圆孔的法向位移在弧长 ds 上的积分，而积分限应从 2π 到 0，即

$$\Delta S = \int_s u_\rho \mathrm{d}s = \int_{2\pi}^{0} u_\rho R\sqrt{1+m^2-2m\cos 2\theta}\,\mathrm{d}\theta \tag{2-13}$$

将式(2-9)的第一式代入式(2-13)，并令 $\rho = 1$，得

$$\begin{aligned} \Delta S = & -\int_0^{2\pi} \frac{1}{4G} \frac{R\sqrt{1+m^2-2m\cos 2\theta}}{\sqrt{1+m^2-2m\cos 2\theta}} [pR(\kappa'+1)(m^2+1) \\ & - 2qR - 2\kappa' qRm^2 + 2(\kappa'+1)(q-p)Rm\cos 2\theta]\mathrm{d}\theta = \\ & -\frac{R}{4G}\int_0^{2\pi} [pR(\kappa'+1)(m^2+1) - 2qR \\ & - 2\kappa' qRm^2 + 2(\kappa'+1)(q-p)Rm\cos 2\theta]\,\mathrm{d}\theta = \\ & -\frac{\pi R^2}{2G}[p(\kappa'+1)(m^2+1) - 2q - 2\kappa' qm^2] \end{aligned} \tag{2-14}$$

假定孔内的流体为线性可压缩的均匀无黏流体，流体体积变化率与压力之间满足下列关系式[2]：

$$-\Delta V/V = \kappa q \tag{2-15}$$

其中，V 和 ΔV 分别表示流体夹杂的体积和体积变化量；q 和 κ 分别表示流体夹杂内的压力和流体的可压缩率。对于平面问题，则有

$$-\Delta S/S = \kappa q \tag{2-16}$$

将式(2-14)代入式(2-16)，考虑到椭圆面积 $S = \pi R^2(1-m^2)$，可得

$$q = \frac{1}{2}\frac{(1+\kappa')(1+m^2)}{G\kappa(1-m^2)+(1+\kappa' m^2)}p \tag{2-17}$$

当 $m = 0$ 时，椭圆孔退化成圆孔，则式(2-17)可写为

$$q = \frac{1}{2}\frac{1+\kappa'}{\kappa G+1}p \tag{2-18}$$

当基体材料泊松比为常数时(如$\nu=0.3$)，流体压力与外压之比q/p随椭圆长细比$\lambda=b/a$的变化规律如图2.3所示。

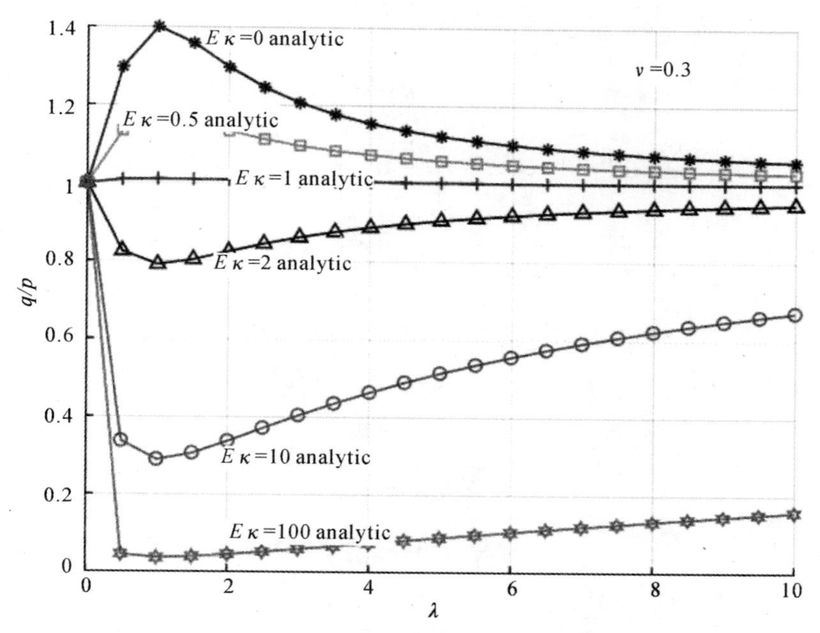

图2.3　远场双向应力作用下含椭圆形流体夹杂压力比q/p

当$\sigma_1=-p$，$\sigma_2=0$时，同样将椭圆孔内的流体压力q作为内边界条件，从而可求得复函数的表达式为

$$\left.\begin{aligned}\varphi(\zeta)&=-\frac{pR}{4}\left[\frac{1}{\zeta}+(2\mathrm{e}^{2\mathrm{i}\alpha}-m)\zeta\right]-qmR\zeta\\ \varphi'(\zeta)&=-\frac{pR}{4}\left[-\zeta^{-2}+(2\mathrm{e}^{2\mathrm{i}\alpha}-m)\right]-qmR\\ \overline{\varphi'(\zeta)}&=-\frac{pR}{4}(-\zeta^{2}+2\mathrm{e}^{-2\mathrm{i}\alpha}-m)-qmR\end{aligned}\right\}\tag{2-19}$$

$$\left.\begin{aligned}\psi(\zeta)&=\frac{pR}{2}\left[\frac{1}{\zeta}\mathrm{e}^{-2\mathrm{i}\alpha}+\frac{(1+m^{2})\zeta}{1-m\zeta^{2}}-\frac{\mathrm{e}^{2\mathrm{i}\alpha}(m+\zeta^{2})\zeta}{1-m\zeta^{2}}\right]-qR\frac{(1+m^{2})\zeta}{1-m\zeta^{2}}\\ \overline{\psi(\zeta)}&=\frac{pR}{2}\left[\zeta\mathrm{e}^{2\mathrm{i}\alpha}+\frac{(1+m^{2})\zeta}{\zeta^{2}-m}-\frac{\mathrm{e}^{-2\mathrm{i}\alpha}(m\zeta^{2}+1)}{(\zeta^{2}-m)\zeta}\right]-qR\frac{(1+m^{2})\zeta}{\zeta^{2}-m}\end{aligned}\right\}\tag{2-20}$$

将式(2-5)、式(2-19)、式(2-20)代入位移组合式(2-3)，可得

$$\begin{aligned}2G(u_\rho+\mathrm{i}u_\theta)=&\frac{1}{\rho\zeta}\frac{(m-\zeta^{2})}{\sqrt{1+m^{2}-2m\cos2\theta}}\left\{-\frac{p\kappa'R}{4}\left[\frac{1}{\zeta}+(2\mathrm{e}^{2\mathrm{i}\alpha}-m)\zeta\right]\right.\\ &-\kappa'qmR\zeta-\frac{(m\zeta^{2}+1)}{\zeta(m-\zeta^{2})}\times\left[-\frac{pR}{4}(-\zeta^{2}+2\mathrm{e}^{-2\mathrm{i}\alpha}-m)-qmR\right]\\ &\left.-\frac{pR}{2}\left[\zeta\mathrm{e}^{2\mathrm{i}\alpha}+\frac{(1+m^{2})\zeta}{\zeta^{2}-m}-\frac{\mathrm{e}^{-2\mathrm{i}\alpha}(m\zeta^{2}+1)}{(\zeta^{2}-m)\zeta}\right]+qR\frac{(1+m^{2})\zeta}{\zeta^{2}-m}\right\}\end{aligned}\tag{2-21}$$

从式(2-21)中分离实部和虚部,可得 z 平面内正交曲线坐标系下的法向位移 u_ρ 和切向位移 u_θ,即

$$\left.\begin{aligned}
u_\rho=&\frac{1}{2G\rho}\frac{1}{\sqrt{1+m^2-2m\cos2\theta}}\Big[\Big(-\frac{p}{2}+q\Big)(\kappa'+1)Rm\cos2\theta\\
&+\frac{pR}{4}(\kappa'+1)(1+m^2)-\kappa'qRm^2-qR\\
&-\frac{pRm}{2}(\kappa'+1)\cos2\alpha+\frac{pR}{2}(\kappa'+1)\cos2(\alpha+\theta)\Big]\\
u_\theta=&\frac{1}{2G\rho}\frac{1}{\sqrt{1+m^2-2m\cos2\theta}}\Big[\frac{1}{2}(\kappa'+1)pR\sin2(\theta+\alpha)\\
&-\frac{1}{2}(\kappa'+1)pRm\sin2\alpha+(\kappa'-1)qmR\sin2\theta\Big]
\end{aligned}\right\}\tag{2-22}$$

同理,将椭圆孔边界上的法向位移式(2-22)中的第一式代入式(2-13),并令 $\rho=1$,可得到椭圆变形后的面积变化量,即

$$\begin{aligned}
\Delta S=&-\int_0^{2\pi}u_\rho R\sqrt{1+m^2-2m\cos2\theta}\,\mathrm{d}\theta=\\
&-\frac{\pi R^2}{G}\Big[\frac{1}{4}(\kappa'+1)(1+m^2-2m\cos2\alpha)p-q(\kappa'm^2+1)\Big]
\end{aligned}\tag{2-23}$$

将式(2-23)代入式(2-16),可得

$$q=\frac{1}{4}\frac{(1+\kappa')(1+m^2-2m\cos2\alpha)}{G\kappa(1-m^2)+(1+\kappa'm^2)}p=\frac{2(1-\nu^2)(1+m^2-2m\cos2\alpha)}{E\kappa(1-m^2)+2(1+\nu)[1+(3-4\nu)m^2]}p\tag{2-24}$$

当 $m=0$ 时,椭圆孔退化成圆孔,式(2-24)可写为

$$q=\frac{1}{4}\frac{1+\kappa'}{1+\kappa G}p\tag{2-25}$$

由式(2-24)可以看出,当椭圆形流体夹杂在远场处受单向力作用时,流体压力 q 将随着受力方向角度周期性变化。根据式(2-4),可将椭圆的几何参数 m 用长细比 λ 表示,则有

$$m=\frac{a-b}{a+b}=\frac{1-\lambda}{1+\lambda}\tag{2-26}$$

假设流体不可压缩,即 $E\kappa=0$,分别选取基体泊松比 $\nu=0.3$ 和 $\nu=0.45$,则根据式(2-25),在图2.4(a)和图2.4(b)中给出了不同形状的椭圆流体夹杂压力与外压力比 q/p 随远场夹角 α 的变化规律,从中可以看出在基体材料参数和椭圆形状参数确定的情况下,q/p 随远场夹角 α 产生周期性变化,椭圆越扁,周期性波动越大,当椭圆退化成圆形时,q/p 的变化与角度 α 无关。

当流体可压缩时,$E\kappa\neq0$,假设长细比 $\lambda=0.5$,基体泊松比 $\nu=0.3$,图2.5给出了流体可压缩率变化时,椭圆流体夹杂压力与外压力比 q/p 随远场夹角 α 的变化,从中可以看出随着流体可压缩率与基体模量乘积 $E\kappa$ 的增加,流体压力迅速减小,当 $E\kappa\to\infty$ 时,流体性质趋近于静压作用下的空气,接近于无限可压缩的情况,此时流体压力趋近于0。

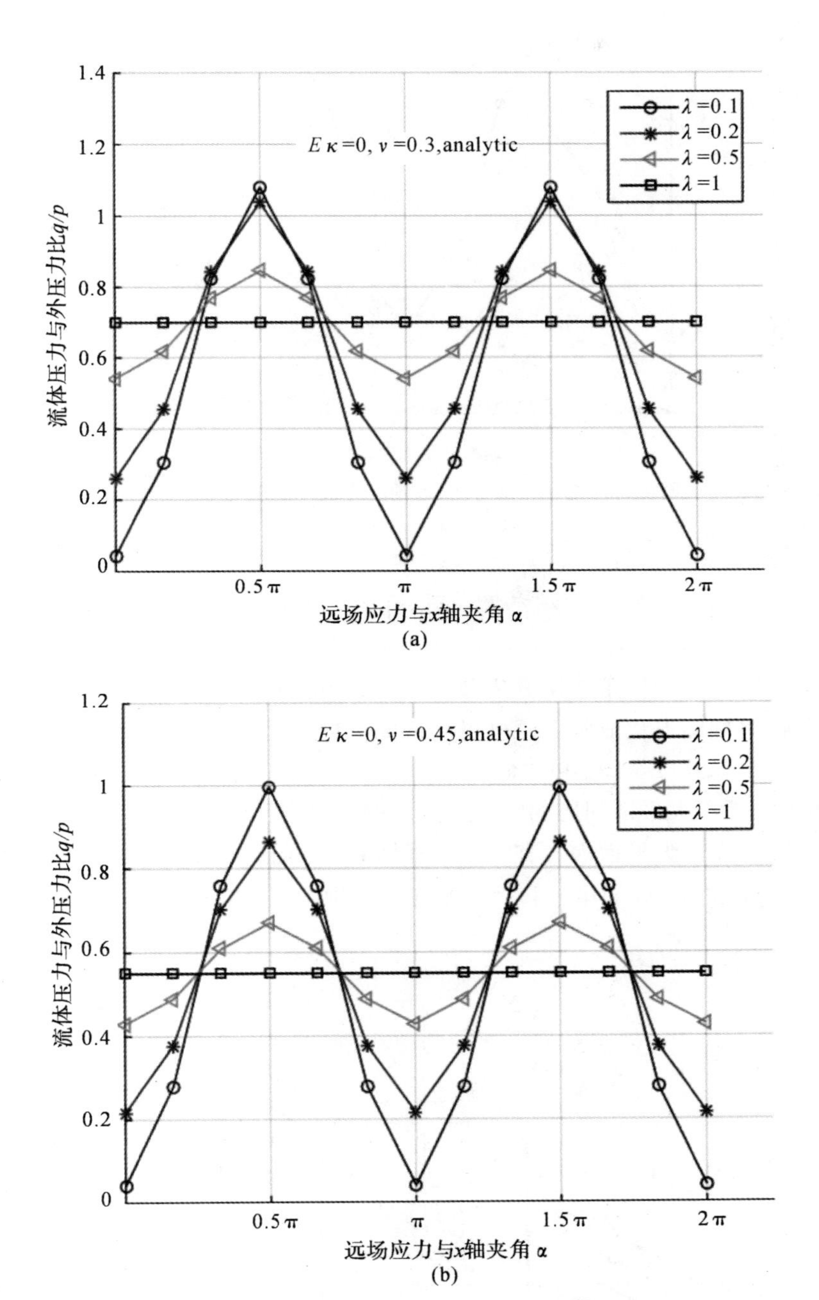

图 2.4　不同长细比下椭圆流体夹杂中 q/p 随远场应力夹角的变化

（图(a) 和(b) 中，基体 ν 分别等于 0.3 和 0.45，流体 $\kappa=0$，基体在无穷远处单向受力）

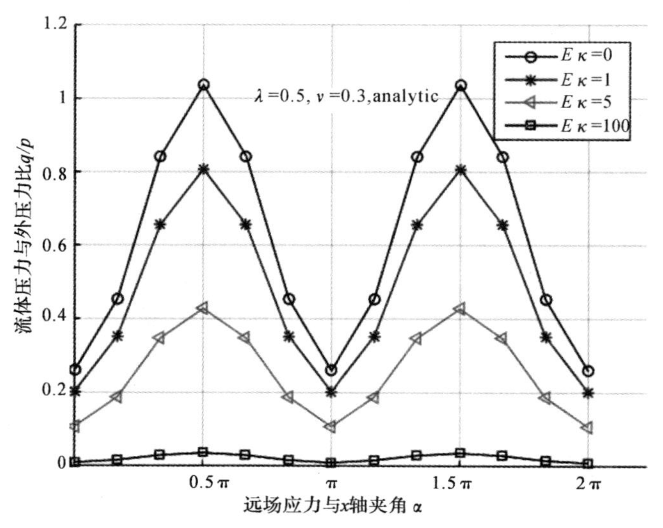

图 2.5　不同流体压缩率下 q/p 随远场应力夹角的变化($\lambda = 0.5, \nu = 0.3$)

2.3　圆形流体夹杂平面问题的复变函数级数解法

在 2.2 节中，笔者采用保角变换方法和复变函数方法推导了含椭圆形流体夹杂无限大平面问题的解析解，将椭圆退化成圆形后可得到远场双向受力和单向受力条件下流体夹杂内的压力与外力的关系，如式(2-18)和式(2-25)所示。本节采用另一种方法复变函数级数法推导含圆形流体夹杂无限大平面问题的解，以加深理解并验证 2.2 节中推导的结果。

如图 2.6 所示，无限大平面内含有一个半径为 $r=a$ 的圆形流体夹杂，流体的可压缩率为 κ，流体内压力为 q，无穷远处的第一和第二主应力分别为 σ_1 和 σ_2，其中 σ_1 的方向与 x 轴的正方向夹角为 α。

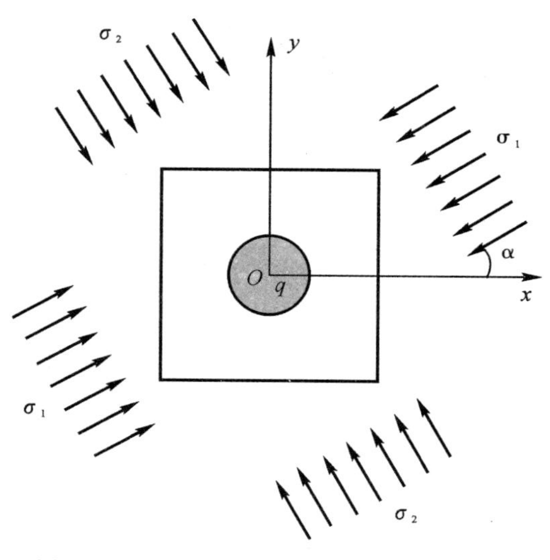

图 2.6　含单个圆形流体夹杂的无限大平面

对于无限域孔口问题，复函数 $\varphi(z)$ 和 $\psi(z)$[97] 可表示为

$$\left.\begin{aligned}\varphi(z)&=A_1\ln z+A_0 z+\sum_{k=1}^{\infty}a_k z^{-k}\\ \psi(z)&=B_1\ln z+B_0 z+\sum_{k=1}^{\infty}b_k z^{-k}\end{aligned}\right\}\tag{2-27}$$

式中，系数 A_1 和 B_1 与多值性有关，可由孔边界给定外载荷的主矢量分量 R_x 和 R_y 来确定，表达式为[97]

$$\left.\begin{aligned}A_1&=-\frac{R_x+\mathrm{i}R_y}{2\pi(\kappa'+1)}\\ B_1&=\frac{\bar{\kappa}(R_x-\mathrm{i}R_y)}{2\pi(\kappa'+1)}\end{aligned}\right\}\tag{2-28}$$

式中，κ' 为材料常数，平面应变条件下 $\kappa'=3-4\nu$，平面应力条件下 $\kappa'=(3-\nu)/(1+\nu)$，ν 表示固体材料的泊松比。系数 A_0 和 B_0 可由远方给定的应力值来确定，其表达式为[97]

$$\left.\begin{aligned}A_0&=\frac{1}{4}(\sigma_1+\sigma_2)\\ B_0&=-\frac{1}{2}(\sigma_1-\sigma_2)\mathrm{e}^{-2\mathrm{i}\alpha}\end{aligned}\right\}\tag{2-29}$$

式(2-27)中的系数 a_k 和 b_k 可由孔边界的给定载荷或位移约束的分布规律来确定。设圆孔边界给定的外载荷为 $\boldsymbol{\sigma}_r$ 和 $\boldsymbol{\tau}_{r\theta}$，其正方向的规定如图 2.7 所示。在极坐标下，应力组合公式[97] 可表示为

$$\left.\begin{aligned}\sigma_\theta+\sigma_r&=2[\varphi'(z)+\overline{\varphi'(z)}]\\ \sigma_\theta-\sigma_r+2\mathrm{i}\tau_{r\theta}&=2\mathrm{e}^{2\mathrm{i}\theta}[\bar{z}\varphi''(z)+\psi'(z)]\end{aligned}\right\}\tag{2-30}$$

在式(2-30)中消去与孔的力边界条件无关的 σ_θ，并代入边界坐标 $z=t$ 得

$$\tilde{\sigma}_r-\mathrm{i}\tilde{\tau}_{r\theta}=\varphi'(t)+\overline{\varphi'(t)}-\mathrm{e}^{2\mathrm{i}\theta}[\bar{t}\varphi''(t)+\psi'(t)]\tag{2-31}$$

将式(2-31)等号的左端展开成复三角级数为

$$\left.\begin{aligned}\tilde{\sigma}_r-\mathrm{i}\tilde{\tau}_{r\theta}&=\sum_{m=-\infty}^{\infty}C_m\mathrm{e}^{\mathrm{i}m\theta}\\ C_m&=\frac{1}{2\pi}\int_0^{2\pi}(\sigma_r-\mathrm{i}\tau_{r\theta})\mathrm{e}^{-\mathrm{i}m\theta}\mathrm{d}\theta\end{aligned}\right\}\tag{2-32}$$

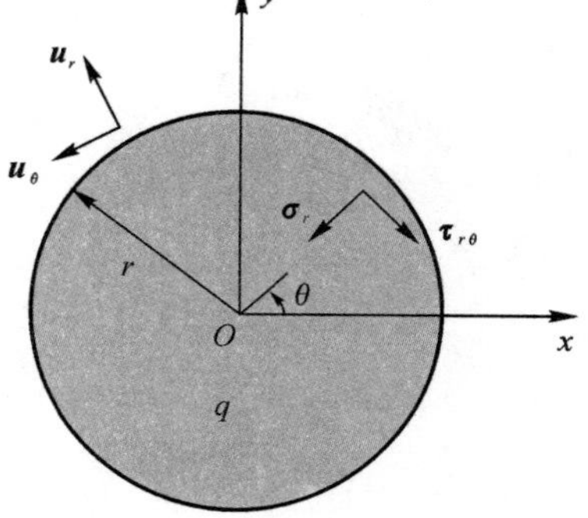

图 2.7　圆孔内边界的局部坐标

将式(2 - 27) 对 z 求导得

$$\left.\begin{aligned}\varphi'(z)&=\sum_{m=0}^{\infty}A_m z^{-m}\\ \psi'(z)&=\sum_{m=0}^{\infty}B_m z^{-m}\end{aligned}\right\}\tag{2-33}$$

其中,式(2 - 27) 中的系数 $a_k=-A_m/k$;$b_k=-B_m/k$;$k=m-1(m\geqslant 2)$。将式(2 - 32) 和式(2 - 33) 分别代入式(2 - 31) 的左、右两端,并注意到孔边界上 $z=t=re^{i\theta}$,可得

$$\sum_{m=-\infty}^{\infty}C_m e^{im\theta}=\sum_{m=0}^{\infty}\left[(1+m)A_m-\frac{B_{m+2}}{r^2}\right]\frac{1}{r^m}e^{-im\theta}+\sum_{m=0}^{\infty}\frac{\overline{A}_m}{r^m}e^{im\theta}-B_0e^{2i\theta}-\frac{B_1}{r}e^{i\theta}\tag{2-34}$$

令式(2-34) 等号两边 $e^{im\theta}$(m 取值范围为$-\infty\sim\infty$) 各项的系数对应相等,就可得到一系列确定系数的代数方程:

$$\left.\begin{aligned}&\text{正幂 } m=0 \quad A_0+\overline{A}_0-\frac{B_2}{r^2}=C_0\\ &m=1 \quad \frac{\overline{A}_1}{r}-\frac{B_1}{r}=C_1\\ &m=2 \quad \frac{\overline{A}_2}{r^2}-B_0=C_2\\ &m\geqslant 3 \quad \frac{\overline{A}_m}{r^m}=C_m\\ &\text{负幂 } m\geqslant 1 \quad \frac{1+m}{r^m}A_m-\frac{B_{m+2}}{r^{m+2}}=C_{-m}\end{aligned}\right\}\tag{2-35}$$

求解如图 2.6 所示含圆形流体夹杂的无限大平面问题,可将流体内部压力 q 作为固体域内孔边界的力边界条件,联合外力边界条件,通过式(2-28)、式(2-29) 和式(2-35),可求出式(2-27) 中复函数 $\varphi(z)$ 和 $\psi(z)$ 中的系数,从而根据位移组合公式(2-3) 求出孔边界位移的表达式,由此可得到流体夹杂的体积(面积) 变化,然后根据流体体积相对变化量和流体压力的关系就可得到流体内部的压力 q。图 2.6 中孔内边界形成自平衡力系,因此主矢 R_x 和 R_y 都为零,从而 $A_1=B_1=0$。内边界上 $\tilde{\sigma}_r=-q$,$\tilde{\tau}_{r\theta}=0$,代入式(2-32) 中可得 $C_0=-q$,$C_m=0\ (m\neq 0)$。由式(2 - 35) 可得

$$\left.\begin{aligned}&A_2=r^2\overline{B}_0=a^2\overline{B}_0\\ &B_2=r^2(A_0+\overline{A}_0-C_0)=a^2(2A_0+q)\\ &B_4=r^4\left(\frac{3}{r^2}A_2-0\right)=3a^2A_2=3a^4\overline{B}_0\\ &a_1=-A_2=-a^2\overline{B}_0\\ &b_1=-B_2=-a^2(2A_0+q)\\ &b_3=-\frac{B_4}{3}=-a^4\overline{B}_0\end{aligned}\right\}\tag{2-36}$$

由此可得

$$
\left.\begin{aligned}
\varphi(z) &= A_0 z - a^2 \overline{B}_0 z^{-1} = \\
&\quad \frac{1}{4}(\sigma_1+\sigma_2)z + \frac{1}{2}a^2(\sigma_1-\sigma_2)\mathrm{e}^{2\mathrm{i}\alpha}z^{-1} \\
\psi(z) &= B_0 z - a^2(2A_0+q)z^{-1} - a^4\overline{B}_0 z^{-3} = \\
&\quad -\frac{1}{2}(\sigma_1-\sigma_2)\mathrm{e}^{-2\mathrm{i}\alpha}z - a^2\left(\frac{\sigma_1+\sigma_2}{2}+q\right)z^{-1} \\
&\quad +\frac{1}{2}a^4(\sigma_1-\sigma_2)\mathrm{e}^{2\mathrm{i}\alpha}z^{-3} \\
\varphi'(z) &= \frac{1}{4}(\sigma_1+\sigma_2) - \frac{1}{2}a^2(\sigma_1-\sigma_2)\mathrm{e}^{2\mathrm{i}\alpha}z^{-2} \\
\overline{\psi(z)} &= -\frac{1}{2}(\sigma_1-\sigma_2)\mathrm{e}^{2\mathrm{i}\alpha}\overline{z} - a^2\left(\frac{\sigma_1+\sigma_2}{2}+q\right)\overline{z^{-1}} \\
&\quad +\frac{1}{2}a^4(\sigma_1-\sigma_2)\mathrm{e}^{-2\mathrm{i}\alpha}\,\overline{z^{-3}}
\end{aligned}\right\} \tag{2-37}
$$

将式(2-37)代入位移组合式(2-3)得

$$
\left.\begin{aligned}
2G(u_r+\mathrm{i}u_\theta) &= \mathrm{e}^{-\mathrm{i}\theta}\left[\kappa'\varphi(z) - z\overline{\varphi'(z)} - \overline{\psi(z)}\right] + \\
&\quad \frac{1}{4}(\sigma_1+\sigma_2)(\kappa'-1)r + \frac{1}{r}a^2\left(\frac{\sigma_1+\sigma_2}{2}+q\right) \\
&\quad +\frac{1}{2}\left(\frac{1}{r}\kappa' a^2 + r\right)(\sigma_1-\sigma_2)\mathrm{e}^{2\mathrm{i}\alpha}\mathrm{e}^{-2\mathrm{i}\theta} \\
&\quad +\frac{1}{2}\frac{a^2}{r}\left(1-\frac{a^2}{r^2}\right)(\sigma_1-\sigma_2)\mathrm{e}^{-2\mathrm{i}\alpha}\mathrm{e}^{2\mathrm{i}\theta}
\end{aligned}\right\} \tag{2-38}
$$

其中,G 为剪切模量,从中分离实部和虚部得

$$
\left.\begin{aligned}
u_r &= \frac{1}{8G}(\kappa'-1)(\sigma_1+\sigma_2)r + \frac{1}{2Gr}a^2\left(\frac{\sigma_1+\sigma_2}{2}+q\right) \\
&\quad +\frac{1}{4G}\left[\frac{1}{r}a^2(\kappa'+1) + r - \frac{a^4}{r^3}\right](\sigma_1-\sigma_2)\cos 2(\theta-\alpha) \\
u_\theta &= -\frac{1}{4G}\left[\frac{1}{r}a^2(\kappa'-1) + r + \frac{a^4}{r^3}\right](\sigma_1-\sigma_2)\sin 2(\theta-\alpha)
\end{aligned}\right\} \tag{2-39}
$$

半径为 r 的圆孔的面积变化量 ΔS 可表示为

$$
\left.\begin{aligned}
\Delta S &= \int_\Gamma u_r \,\mathrm{d}\Gamma = \\
&\int_0^{2\pi} u_r r\,\mathrm{d}\theta = \\
&\int_0^{2\pi} \frac{1}{8G}(\kappa'-1)(\sigma_1+\sigma_2)r^2\,\mathrm{d}\theta + \\
&\int_0^{2\pi} \frac{1}{2G}a^2\left(\frac{\sigma_1+\sigma_2}{2}+q\right)\mathrm{d}\theta \\
&+\int_0^{2\pi} \frac{1}{4G}\left[a^2(\kappa'+1) + r^2 - \frac{a^4}{r^2}\right](\sigma_1-\sigma_2)\cos 2(\theta-\alpha)\,\mathrm{d}\theta = \\
&\frac{\pi}{4G}(\kappa'-1)(\sigma_1+\sigma_2)r^2 + \frac{\pi}{2G}a^2(\sigma_1+\sigma_2+2q)
\end{aligned}\right\} \tag{2-40}
$$

当 $\sigma_1 = -p, \sigma_2 = 0$ 时，有

$$\left.\begin{aligned} u_r &= -\frac{1}{8G}(\kappa' - 1)pr + \frac{1}{2Gr}a^2\left(-\frac{p}{2} + q\right) \\ &\quad - \frac{1}{4G}\left[\frac{1}{r}a^2(\kappa' + 1) + r - \frac{a^4}{r^3}\right]p\cos 2(\theta - \alpha) \\ u_\theta &= \frac{1}{4G}\left[\frac{1}{r}a^2(\kappa' - 1) + r + \frac{a^4}{r^3}\right]p\sin 2(\theta - \alpha) \end{aligned}\right\} \tag{2-41}$$

在 $r = a$ 的圆孔边界上，径向位移为

$$u_a = -\frac{1}{8G}(\kappa' + 1)pa + \frac{q}{2G}a - \frac{1}{4G}(\kappa' + 1)pa\cos 2(\theta - \alpha) \tag{2-42}$$

此时，圆孔的面积变化量可表示为

$$\Delta S = -\frac{1}{4G}[(\kappa' + 1)p - 4q]\pi a^2 \tag{2-43}$$

根据式(2-15)，考虑平面问题，则有

$$\frac{\Delta S}{S} = \frac{-\frac{1}{4G}[(\kappa' + 1)p - 4q]\pi a^2}{\pi a^2} = -\kappa q \tag{2-44}$$

由式(2-44)可得

$$q = \frac{1}{2}\frac{(\kappa' + 1)(1 + \nu)}{2(1 + \nu) + \kappa E}p \tag{2-45}$$

当 $\sigma_1 = \sigma_2 = -p$ 时，有

$$\left.\begin{aligned} u_r &= -\frac{1}{4G}(\kappa' - 1)pr + \frac{1}{2Gr}a^2(-p + q) \\ u_\theta &= 0 \end{aligned}\right\} \tag{2-46}$$

在 $r = a$ 的圆孔边界上，径向位移为

$$u_a = -\frac{1}{4G}(\kappa' + 1)pa + \frac{1}{2G}qa \tag{2-47}$$

此时，圆孔的面积变化量可表示为

$$\Delta S = -\frac{1}{2G}[(\kappa' + 1)p - 2q]\pi a^2 \tag{2-48}$$

根据式(2-15)，考虑平面问题，则有

$$\frac{\Delta S}{S} = \frac{-\frac{1}{2G}[(\kappa' + 1)p - 2q]\pi a^2}{\pi a^2} = -\kappa q \tag{2-49}$$

由式(2-49)可得

$$q = \frac{(\kappa' + 1)(1 + \nu)}{2(1 + \nu) + \kappa E}p \tag{2-50}$$

式中，E 和 ν 分别为固体的弹性模量和泊松比；κ 为流体的可压缩率；κ' 为固体的材料常数，平面应变条件下 $\kappa' = 3 - 4\nu$，平面应力条件下 $\kappa' = (3 - \nu)/(1 + \nu)$。

由式(2-50)和式(2-45)可以看出，含液圆孔中的压力 q 的大小仅与无穷远处主应力的大小有关，而与主应力的方向无关。另外，观察式(2-50)和式(2-18)，可以看出，将 $G =$

$E/2(1+\nu)$ 代入式(2-18)以后,两者的表达式是一样的,这也说明 2.2 节的推导是正确的。

2.4　关于 Kachanov 解的讨论

Kachanov 等人在文献[1]和[2]中采用叠加法和细观力学方法对单个流体夹杂问题进行了分析,给出了流体夹杂中的压力解答,即式(2-1)。为了分析本章给出的解析解与 Kachanov 解的区别,下面再现 Kachanov 解的主要推导过程,进行进一步探讨。

如图 2.8 所示,线弹性固体中含有无黏的线性可压缩流体,远场作用均匀应力为 $\boldsymbol{\sigma}$,从而使孔中流体产生的未知压力为 q。根据叠加原理,可将该问题分解为如图 2.8(a)(b) 和(c) 所示三个子问题来求解。子问题(a):去除孔中的流体,保留远场应力 $\boldsymbol{\sigma}$,孔内边界作用表面力 $-\boldsymbol{\sigma}\cdot\boldsymbol{N}$,其中 $\boldsymbol{N}$ 为内孔表面外法线方向的单位矢量,背离材料方向为正(指向孔内)。子问题(b):去除孔中的流体,内边界作用表面力 $\boldsymbol{\sigma}\cdot\boldsymbol{N}$,外边界不再作用任何面力;子问题(c):去除孔中的流体,内边界作用表面力 $-q\boldsymbol{N}$,外边界不再作用任何面力。

子问题(a) 中,孔的体积应变 $\theta_{\mathrm{h,(a)}}$ 与基体的体积应变 $\theta_{\mathrm{s,(a)}}$ 相等,即

$$\theta_{\mathrm{h,(a)}}=\theta_{\mathrm{s,(a)}}=\frac{\mathrm{tr}(\boldsymbol{\sigma})}{2K} \tag{2-51}$$

其中,K 为固体介质的体积弹性模量,对于平面问题 $K=E/2(1-\nu)$;$\mathrm{tr}(\boldsymbol{\sigma})$ 为应力张量 $\boldsymbol{\sigma}$ 的第一不变量。

子问题(b) 中,孔的体积应变

$$\theta_{\mathrm{h,(b)}}=\mathrm{tr}(\boldsymbol{H}:\boldsymbol{\sigma}) \tag{2-52}$$

其中,$\boldsymbol{H}$ 为孔的柔度张量[98]。

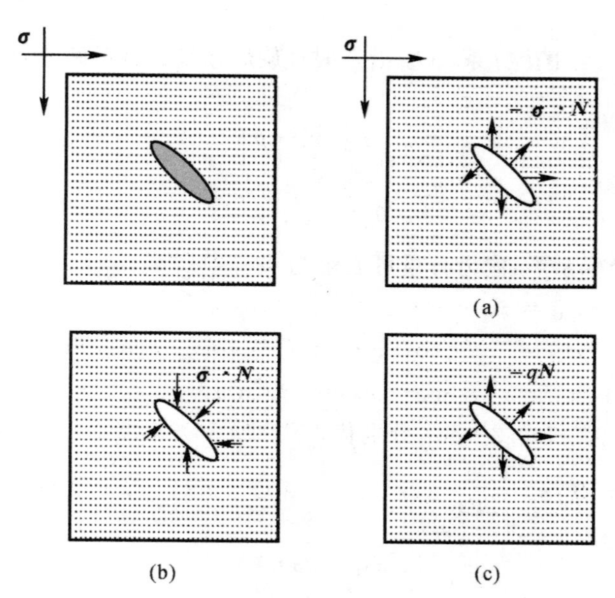

图 2.8　含单个流体夹杂固体介质的简化模型

同理,子问题(c) 中孔的体积应变

$$\theta_{\mathrm{h,(c)}}=\mathrm{tr}(\boldsymbol{H}:q\boldsymbol{I})=q\,\mathrm{tr}(\boldsymbol{H}:\boldsymbol{I}) \tag{2-53}$$

其中,$\boldsymbol{I}$ 为二阶单位张量。

将三个子问题叠加,可得孔的总体积应变

$$\theta_{\mathrm{h}}=\theta_{\mathrm{h},(\mathrm{a})}+\theta_{\mathrm{h},(\mathrm{b})}+\theta_{\mathrm{h},(\mathrm{c})}=\frac{\mathrm{tr}(\boldsymbol{\sigma})}{2K}+\mathrm{tr}(\boldsymbol{H}:\boldsymbol{\sigma})+q\,\mathrm{tr}(\boldsymbol{H}:\boldsymbol{I}) \tag{2-54}$$

由式(2-15)可得

$$\frac{\mathrm{tr}(\boldsymbol{\sigma})}{2K}+\mathrm{tr}(\boldsymbol{H}:\boldsymbol{\sigma})+q\,\mathrm{tr}(\boldsymbol{H}:\boldsymbol{I})=-\kappa q \tag{2-55}$$

其中

$$\begin{aligned}\mathrm{tr}(\boldsymbol{H}:\boldsymbol{\sigma})=\mathrm{tr}(H_{ijkl}\sigma_{kl}\boldsymbol{e}_i\boldsymbol{e}_j)=H_{iikl}\sigma_{kl}=\\ H_{1111}\sigma_{11}+H_{1122}\sigma_{22}+H_{1112}\sigma_{12}+H_{1121}\sigma_{21}+\\ H_{2211}\sigma_{11}+H_{2222}\sigma_{22}+H_{2212}\sigma_{12}+H_{2221}\sigma_{21}\end{aligned} \tag{2-56}$$

$$\begin{aligned}\mathrm{tr}(\boldsymbol{H}:\boldsymbol{I})=\mathrm{tr}(H_{ijkl}I_{kl}\boldsymbol{e}_i\boldsymbol{e}_j)=H_{iikl}I_{kl}=\\ H_{1111}+H_{1122}+H_{2211}+H_{2222}\end{aligned} \tag{2-57}$$

椭圆孔的柔度张量 $\boldsymbol{H}$ 的具体形式[98]

$$\begin{aligned}\boldsymbol{H}=\frac{1}{E\lambda}[&(2+\lambda)\boldsymbol{e}_2\boldsymbol{e}_2\boldsymbol{e}_2\boldsymbol{e}_2+(2\lambda^2+\lambda)\boldsymbol{e}_1\boldsymbol{e}_1\boldsymbol{e}_1\boldsymbol{e}_1\\ &+\frac{1}{2}(1+\lambda)^2(\boldsymbol{e}_1\boldsymbol{e}_2+\boldsymbol{e}_2\boldsymbol{e}_1)(\boldsymbol{e}_1\boldsymbol{e}_2+\boldsymbol{e}_2\boldsymbol{e}_1)\\ &-\lambda(\boldsymbol{e}_1\boldsymbol{e}_1\boldsymbol{e}_2\boldsymbol{e}_2+\boldsymbol{e}_2\boldsymbol{e}_2\boldsymbol{e}_1\boldsymbol{e}_1)]\end{aligned} \tag{2-58}$$

其中,$\lambda=b/a$ 为椭圆的短半轴 b 与长半轴 a 的比值;$\boldsymbol{e}_1$ 和 $\boldsymbol{e}_2$ 分别为笛卡尔坐标系的单位基矢量。

设坐标系 $x'O'y'$ 是由坐标系 xOy 沿逆时针旋转角度 α 后得到的,在 $x'O'y'$ 坐标系中,受力状态为

$$\left.\begin{aligned}\sigma'_{11}&=-p\\ \sigma'_{12}&=0\\ \sigma'_{22}&=0\end{aligned}\right\} \tag{2-59}$$

因此,在 xOy 坐标系下,应力分量可表示为

$$\left.\begin{aligned}\sigma_{11}&=\sigma'_{11}\cos^2(-\alpha)=-p\cos^2\alpha\\ \sigma_{12}&=-\sigma'_{11}\cos(-\alpha)\sin(-\alpha)=-p\cos\alpha\sin\alpha\\ \sigma_{22}&=\sigma'_{11}\sin^2(-\alpha)=-p\sin^2\alpha\end{aligned}\right\} \tag{2-60}$$

此时,将式(2-60)和式(2-58)分别代入式(2-56)和式(2-57)可得

$$\begin{aligned}\mathrm{tr}(\boldsymbol{H}:\boldsymbol{\sigma})=\frac{1}{E\lambda}[(2\lambda^2+\lambda-\lambda)\sigma_{11}+(2+\lambda-\lambda)\sigma_{22}]=\\ \frac{1}{E\lambda}(2\lambda^2\sigma_{11}+2\sigma_{22})=\\ -\frac{p}{E\lambda}[(\lambda^2+1)+(\lambda^2-1)\cos2\alpha]\end{aligned} \tag{2-61a}$$

$$\mathrm{tr}(\boldsymbol{H}:\boldsymbol{I}q)=(H_{1111}+H_{2211}+H_{2222}+H_{1122})q=\frac{2}{E\lambda}(\lambda^2+1)q \tag{2-61b}$$

对于平面应变问题，体积弹性模量 $K'=E'/2(1-\nu')$，将式（2-60）、式（2-61a）和式（2-61b）代入式（2-55）中可得

$$-\frac{(1-\nu')p}{E'}-\frac{p}{E'\lambda}[(\lambda^2+1)+(\lambda^2-1)\cos2\alpha]+\frac{2}{E'\lambda}(\lambda^2+1)q=-\kappa q \quad (2-62)$$

由式（2-62）可得到式（2-1），即 Kachanov 给出的解答，同样也可以导出式（2-2）。

当椭圆孔远场应力状态 $\sigma_{11}=\sigma_{22}=-p$ 时，相当于单向受力状态下 $\alpha=0°$ 和 $\alpha=90°$ 两种情况的叠加，此时孔中的压力为

$$q=\frac{2(\lambda^2+1)+2\lambda(1-\nu')}{2(\lambda^2+1)+\lambda\kappa E'}p \quad (2-63)$$

将式（2-63）中的 E' 和 ν' 分别用 E 和 ν 表示，可得平面应变情况下的流体压力解为

$$q=\frac{2(\lambda^2+1)(1-\nu^2)+2\lambda(1-2\nu)(1+\nu)}{\lambda\kappa E+2(\lambda^2+1)(1-\nu^2)}p=$$
$$\frac{2(1-\nu^2)\lambda^2+2(1-2\nu)(1+\nu)\lambda+2(1-\nu^2)}{2(1-\nu^2)\lambda^2+\lambda\kappa E+2(1-\nu^2)}p=$$
$$\frac{\lambda^2+\frac{1-2\nu}{1-\nu}\lambda+1}{\lambda^2+\frac{E\kappa}{2(1-\nu^2)}\lambda+1}p \quad (2-64)$$

为了方便对比 Kachanov 解与 2.3 节采用复变函数保角变换法推导的解的差异，特以椭圆孔远场应力状态 $\sigma_{11}=\sigma_{22}=-p$ 时的情况进行对比，将式（2-26）代入式（2-17），得平面应变状态下流体压力的解析解为

$$q=\frac{1}{2}\frac{(1+\kappa')(1+m^2)}{G\kappa(1-m^2)+(1+\kappa'm^2)}p=$$
$$\frac{4(1+\lambda^2)(1-\nu^2)}{2E\kappa\lambda+(1+\lambda)^2(1+\nu)+(1+\nu)(3-4\nu)(1-\lambda)^2}p=$$
$$\frac{4(1-\nu^2)\lambda^2+4(1-\nu^2)}{4(1-\nu^2)\lambda^2+[2E\kappa-4(1+\nu)(1-2\nu)]\lambda+4(1-\nu^2)}p=$$
$$\frac{\lambda^2+1}{\lambda^2+\frac{E\kappa}{2(1-\nu^2)}\lambda-\frac{(1-2\nu)}{(1-\nu)}\lambda+1}p \quad (2-65)$$

比较式（2-65）和式（2-64）可知，两种解答虽然用了相同的自变量，比较接近，但差异也比较明显。为了展示两者的差异，图 2.9(a) 和(b) 给出了双向受力条件下，流体形状以及可压缩率对流体夹杂压力与外压力比 q/p 的影响。

从图 2.9(a) 中可以看出，基体泊松比 $\nu=0.3$ 时，当流体可压缩率比较小时（$E\kappa<1$），流体压力比 q/p 随着椭圆长细比 λ 的增加先增加，当 $\lambda=1$ 时（即圆形）达到最大值，然后随着 λ 的继续增加而减小，当 $\lambda\to\infty$ 即椭圆退化成裂缝时，流体压力与外压力趋于相等，此时解析解大于 Kachanov 解；当流体可压缩率比大于某一值时（$E\kappa>1$），流体压力比 q/p 随着椭圆长细比 λ 的增加先减小，当 $\lambda=1$（即圆形）达到最小值，然后随着 λ 的继续增加而增大，当 $\lambda\to\infty$ 即椭圆退化成裂缝时，流体压力与外压力趋于相等，此时解析解小于 Kachanov 解。从图 2.9(b) 中可以看出，在基体泊松比 $\nu=0.4$ 时，流体压力比 q/p 随着椭圆长细比 λ 的变化规律与图 2.9(a) 中相同，不同的是，当 $\nu=0.3$ 时，q/p 变化规律随流体可压缩率的分界点在 $E\kappa=1$ 附近，而泊松

比 $\nu=0.4$ 时，该分界点在 $E\kappa=0.5$ 附近，基体泊松比增大时，流体压力将有所降低。

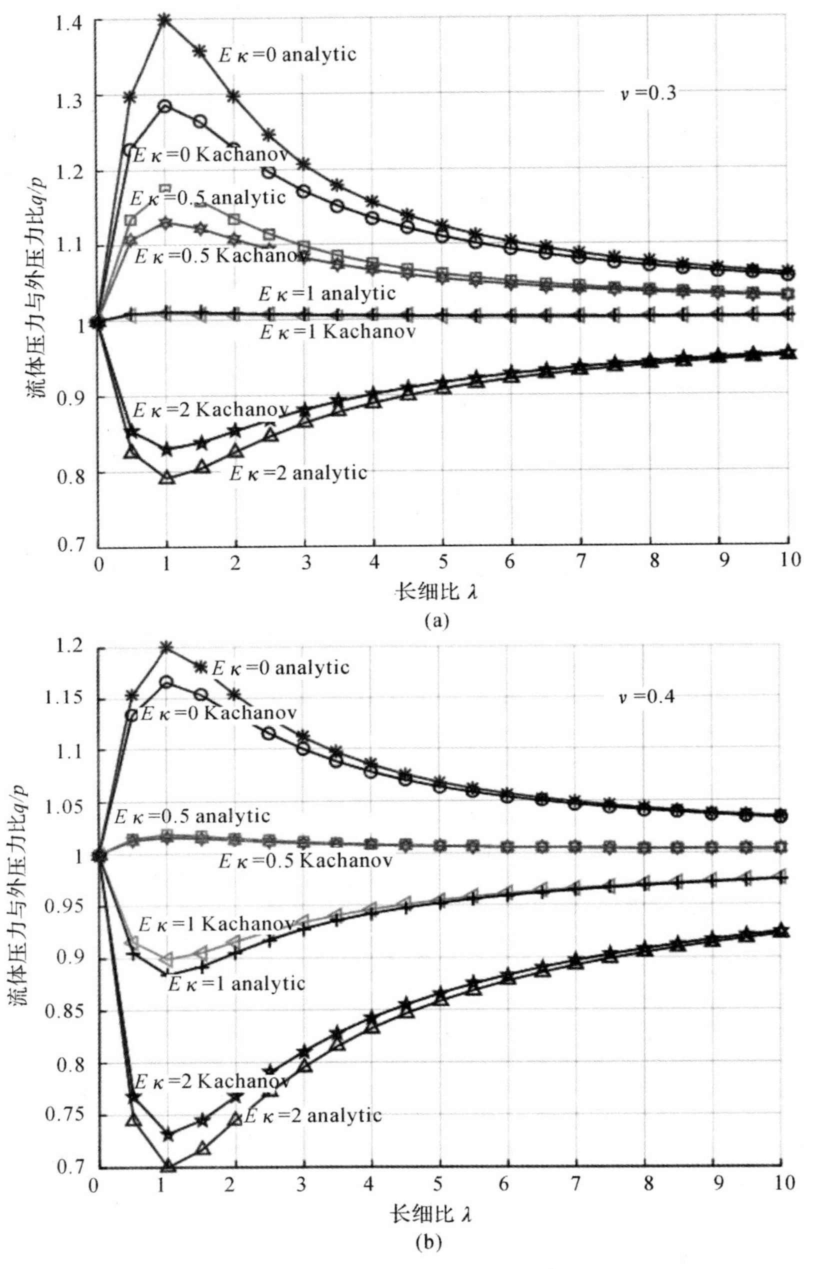

(a)

(b)

图 2.9　双向应力作用下椭圆长细比 λ 对 q/p 的影响

图 2.10 给出了流体压缩率变化时，流体压力随基体泊松比的变化规律。从中可以看出 q/p 随着泊松比的增加而减小，当 $\nu=0.5$ 时减小到最小值，当椭圆越接近于圆时，这种影响越明显。当 $E\kappa<1$ 时，随着泊松比 ν 的增加，无论是椭圆还是圆，流体压力解析解始终大于 Kachanov 解，而当 $E\kappa>1$ 时则相反，当 $\nu=0.5$ 时，两者相等。

当 $\lambda=1$ 时，式(2-63)给出的 Kachanov 解就退化为含圆形流体夹杂情况下流体压力的解

$$q=\frac{6-2\nu'}{4+\kappa E'}p=\frac{2(3-4\nu)(1+\nu)}{4(1-\nu^2)+\kappa E}p \tag{2-66}$$

将 $G=E/2(1+\nu)$ 代入圆形流体夹杂流体压力解析解式(2-18)，可得

$$q=\frac{4(1-\nu^2)}{2(1+\nu)+\kappa E}p \tag{2-67}$$

比较式(2-66)和式(2-67)可以发现，对于无限大平面中含单个圆形流体夹杂的同一平面问题，本书研究结果[式(2-67)]与 Kachanov 关于流体压力的解答也不完全一致。为了进一步探究原因，对两种解的推导过程进行考察。

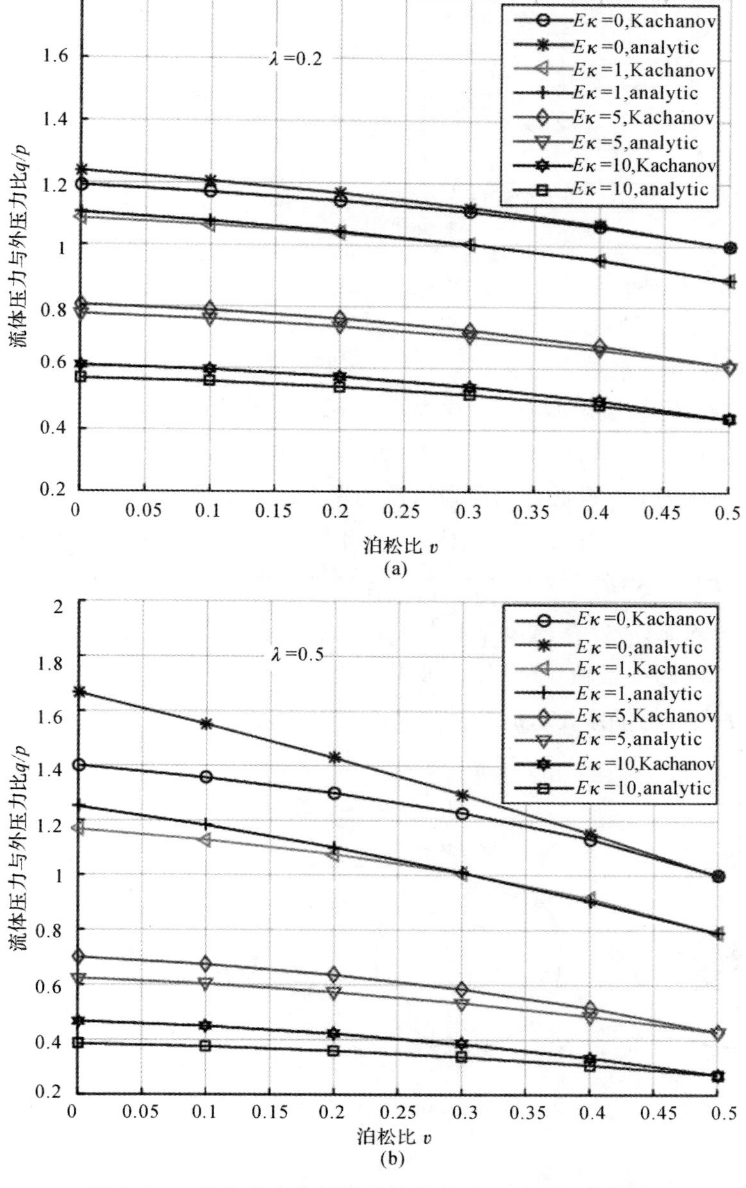

图 2.10　双向应力作用下基体泊松比 ν 对 q/p 的影响

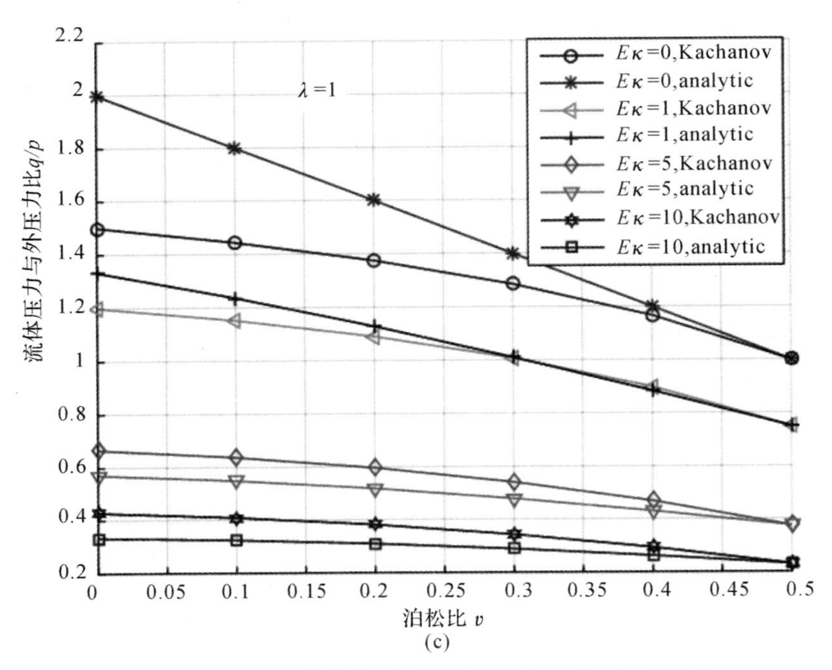

续图 2.10　双向应力作用下基体泊松比 ν 对 q/p 的影响

为了便于和 Kachanov 解进行对比，以轴对称问题为例，同样采用先分解后叠加的思路进行求解和对比分析。问题描述如下：如图 2.11 所示，外径为 b、内径为 a 的厚壁圆筒中含有线性可压缩的无黏流体，在固体基体的外边界上作用均匀压力 p。由于受外边界压力 p 的作用，在流体内部产生了压力 q。根据叠加原理将该问题分解为图 2.11(a)(b) 和(c) 三个子问题分别进行求解。子问题(a)：去除孔中的流体，保留外边界面力 $-p$，并在孔的内边界上施加面力 $-p$；子问题(b)：去除孔中的流体，仅在内边界上作用表面力 p，外边界没有任何面力作用；子问题(c)：去除孔中的流体，仅在内边界上作用表面力 $-q$，外边界上没有任何面力。

该问题和各子问题都是轴对称问题，可用弹性力学位移解法对每个子问题进行求解。在不考虑体力的情况下，用位移表示的平衡方程为[97]

$$\frac{\mathrm{d}^2 u_r}{\mathrm{d}r^2}+\frac{1}{r}\frac{\mathrm{d}u_r}{\mathrm{d}r}-\frac{u_r}{r^2}=0 \tag{2-68}$$

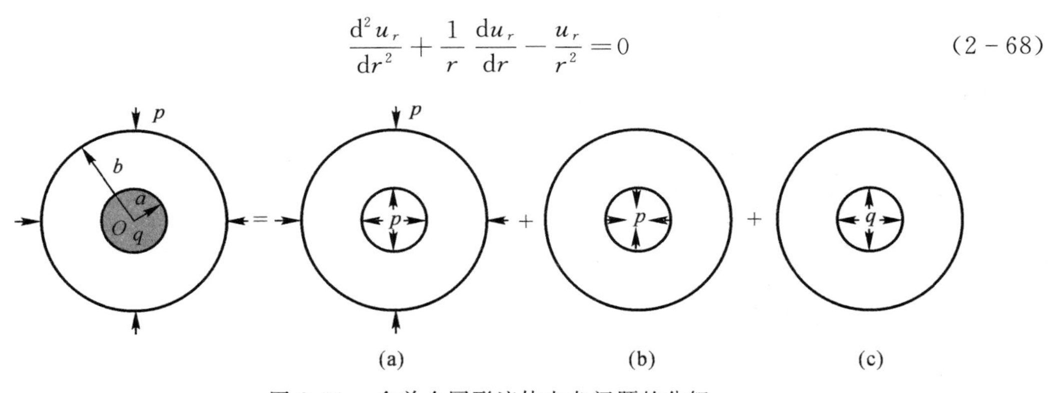

图 2.11　含单个圆形流体夹杂问题的分解

方程式(2-68)的通解为[97]

$$\left.\begin{aligned} u_r &= 2C\frac{1-\nu}{E}r - \frac{1}{r}A\frac{1+\nu}{E} \\ u_\theta &= 0 \end{aligned}\right\} \tag{2-69}$$

其中，E 和 ν 分别表示材料的弹性模量和泊松比；C 和 A 则为待求常数。根据弹性力学物理方程和几何方程可知，则径向应力和环向应力为

$$\left.\begin{aligned} \sigma_r &= \frac{E}{1-\nu^2}\left(\frac{\mathrm{d}u_r}{\mathrm{d}r} + \nu\frac{u_r}{r}\right) \\ \sigma_\theta &= \frac{E}{1-\nu^2}\left(\frac{u_r}{r} + \nu\frac{\mathrm{d}u_r}{\mathrm{d}r}\right) \end{aligned}\right\} \tag{2-70}$$

将式(2-69)代入式(2-70)中得到

$$\left.\begin{aligned} \sigma_r &= 2C + \frac{A}{r^2} \\ \sigma_\theta &= 2C - \frac{A}{r^2} \\ \sigma_{r\theta} &= 0 \end{aligned}\right\} \tag{2-71}$$

子问题(a)中的力边界条件为

$$\left.\begin{aligned} \sigma_r\,|_{r=a} &= 2C + \frac{A}{a^2} = -p \\ \sigma_r\,|_{r=b} &= 2C + \frac{A}{b^2} = -p \end{aligned}\right\} \tag{2-72}$$

由此可得

$$\left.\begin{aligned} 2C &= -p \\ A &= 0 \end{aligned}\right\} \tag{2-73}$$

从而得到厚壁圆筒内、外边界的位移和应力为

$$\left.\begin{aligned} u_a &= u_r\,|_{r=a} = -p\frac{1-\nu}{E}a \\ u_b &= u_r\,|_{r=b} = -p\frac{1-\nu}{E}b \\ \sigma_r &= -p \\ \sigma_\theta &= -p \end{aligned}\right\} \tag{2-74}$$

考虑到是线性问题，图 2.11(a)中圆孔的面积变化量为

$$\Delta S_{\mathrm{h},(\mathrm{a})} \approx 2\pi a u_a = -2\pi a^2 p\frac{1-\nu}{E} \tag{2-75}$$

由此可得图 2.11(a)中孔的体积应变为

$$\theta_{\mathrm{h},(\mathrm{a})} = \frac{\Delta S_{\mathrm{h},(\mathrm{a})}}{S_\mathrm{h}} = -2p\frac{1-\nu}{E} \tag{2-76}$$

子问题(b) 中的力边界条件为

$$\left.\begin{aligned} \sigma_r|_{r=a} &= 2C + \frac{A}{a^2} = p \\ \sigma_r|_{r=b} &= 2C + \frac{A}{b^2} = 0 \end{aligned}\right\}$$

由此可得

$$\left.\begin{aligned} 2C &= -\frac{a^2}{b^2 - a^2} p \\ A &= \frac{a^2 b^2}{b^2 - a^2} p \end{aligned}\right\} \tag{2-77}$$

从而得到厚壁圆筒内、外边界的位移和应力为

$$\left.\begin{aligned} u_a &= u_r|_{r=a} = -\frac{a}{b^2 - a^2}\frac{1}{E}p[(1-\nu)a^2 + (1+\nu)b^2] \\ u_b &= u_r|_{r=b} = -\frac{b}{b^2 - a^2}\frac{2}{E}pa^2 \\ \sigma_r &= 2C + \frac{A}{r^2} = \frac{a^2}{b^2 - a^2}p\left(-1 + \frac{b^2}{r^2}\right) \\ \sigma_\theta &= 2C - \frac{A}{r^2} = \frac{a^2}{b^2 - a^2}p\left(-1 - \frac{b^2}{r^2}\right) \\ \sigma_{r\theta} &= 0 \end{aligned}\right\} \tag{2-78}$$

图 2.11(b) 中,圆孔的面积变化量为

$$\Delta S_{\mathrm{h,(b)}} \approx 2\pi a u_a = -2\pi a \frac{a}{b^2 - a^2}\frac{1}{E}p[(1-\nu)a^2 + (1+\nu)b^2] \tag{2-79}$$

由此可得孔的体积应变为

$$\theta_{\mathrm{h,(b)}} = \frac{\Delta S_{\mathrm{h,(b)}}}{S_{\mathrm{h}}} = -\frac{2}{b^2 - a^2}\frac{1}{E}p[(1-\nu)a^2 + (1+\nu)b^2] \tag{2-80}$$

由于图 2.11(c) 和图 2.11(b) 的受力状态类似,将子问题(b) 相关公式中的压力 p 以 $-q$ 代替,就可得到子问题(c) 相应的解答。由此可知

$$\left.\begin{aligned} u_a &= u_r|_{r=a} = \frac{a}{b^2 - a^2}\frac{1}{E}q[(1-\nu)a^2 + (1+\nu)b^2] \\ u_b &= u_r|_{r=b} = \frac{b}{b^2 - a^2}\frac{2}{E}qa^2 \\ \sigma_r &= 2C + \frac{A}{r^2} = -\frac{a^2}{b^2 - a^2}q\left(-1 + \frac{b^2}{r^2}\right) \\ \sigma_\theta &= 2C - \frac{A}{r^2} = -\frac{a^2}{b^2 - a^2}q\left(-1 - \frac{b^2}{r^2}\right) \\ \sigma_{r\theta} &= 0 \end{aligned}\right\} \tag{2-81}$$

图 2.11(c) 中圆孔的面积变化量为

$$\Delta S_{\mathrm{h,(c)}} \approx 2\pi a u_a = 2\pi a \frac{a}{b^2 - a^2}\frac{1}{E}q[(1-\nu)a^2 + (1+\nu)b^2] \tag{2-82}$$

由此可得孔的体积应变为

$$\theta_{h,(c)}=\frac{\Delta S_{h,(c)}}{S_h}=\frac{2}{b^2-a^2}\frac{1}{E}q[(1-\nu)a^2+(1+\nu)b^2] \tag{2-83}$$

由式(2-76)、式(2-80)和式(2-83)可知，图 2.11 中圆孔的总体积应变为

$$\theta_h=\theta_{h,(a)}+\theta_{h,(b)}+\theta_{h,(c)}=-2p\frac{1-\nu}{E}-\frac{2}{b^2-a^2}\frac{1}{E}(p-q)[(1-\nu)a^2+(1+\nu)b^2] \tag{2-84}$$

根据式(2-16)可得平面应力条件下孔中流体压力为

$$q=\frac{4b^2}{2[(1-\nu)a^2+(1+\nu)b^2]+\kappa E(b^2-a^2)}p \tag{2-85}$$

当外径 b 趋近于无穷大时，式(2-85)对应平面应变情况的流体压力为

$$q=\frac{4(1-\nu^2)}{2(1+\nu)+E\kappa}p \tag{2-86}$$

这与前文推导的式(2-18)和式(2-67)是相同的。由于解析解式(2-86)和 Kachanov 解式(2-66)的两种解答都是根据叠加原理求解的，所以可通过比较两种解答的具体推导过程，澄清存在的疑问。

由上述关于子问题的推导可以看出，子问题图 2.11(a)和图 2.8(a)中，关于圆孔的体积应变完全相同，它们都表现为体积球应变的形式

$$\theta_{h,(a)1}=\theta_{h,(a)2}=\frac{\mathrm{tr}(\sigma)}{2K}=-2p\frac{1-\nu}{E} \tag{2-87}$$

子问题图 2.11(b)和图 2.8(b)中孔的体积应变分别为 $\theta_{h,(b)1}$ 和 $\theta_{h,(b)2}$。

$$\left|\left(\theta_{h,(b)1}=-\frac{2(1+\nu)}{E}p\right)\right|<\left|\left(\theta_{h,(b)2}=-\frac{4}{E}p\right)\right| \tag{2-88}$$

子问题图 2.11(c)和图 2.8(c)中孔的体积应变分别为 $\theta_{h,(c)1}$ 和 $\theta_{h,(c)2}$。

$$\left(\theta_{h,(c)1}=\frac{2(1+\nu)}{E}q\right)<\left(\theta_{h,(c)2}=\frac{4}{E}q\right) \tag{2-89}$$

由式(2-88)和式(2-89)，可以看出，对于子问题图 2.8(b)和图 2.8(c)，Kachanov 采用细观力学方法得到的体积应变比本书通过弹性力学基本方程得到的体积应变稍大，从而高估了由外压力 p 和孔中压力 q 引起的孔的附加应变。当流体不可压缩或可压缩率较小时($q>p$)，Kachanov 估计的总的体积应变绝对值就会比理论值小，反之当流体可压缩率较大时($q<p$)，Kachanov 估计的总的体积应变绝对值就会比理论值大。其主要原因可能是，文献[2]中假设孔周围的应力状态是均匀的，而事实上，由于应力集中效应的存在，孔附近固体基体的应力状态并非是均匀的，即便是有流体的静水压力的作用，也不能保证孔隙边界附近固体质点的应力状态是完全一样的。

根据式(2-67)和式(2-66)，对于平面应变状态下含圆形流体夹杂的无限大平面问题，图 2.12 给出了孔中压力随着泊松比 ν 以及参数 $E\kappa$ 的变化曲线。从中可以看出，当 $E\kappa<1$ 时，Kachanov 解小于本书推导的解析解，而当 $E\kappa$ 比较大时，Kachanov 的解大于解析解，当 $\nu=0.5$ 时两种解答总是相等的。

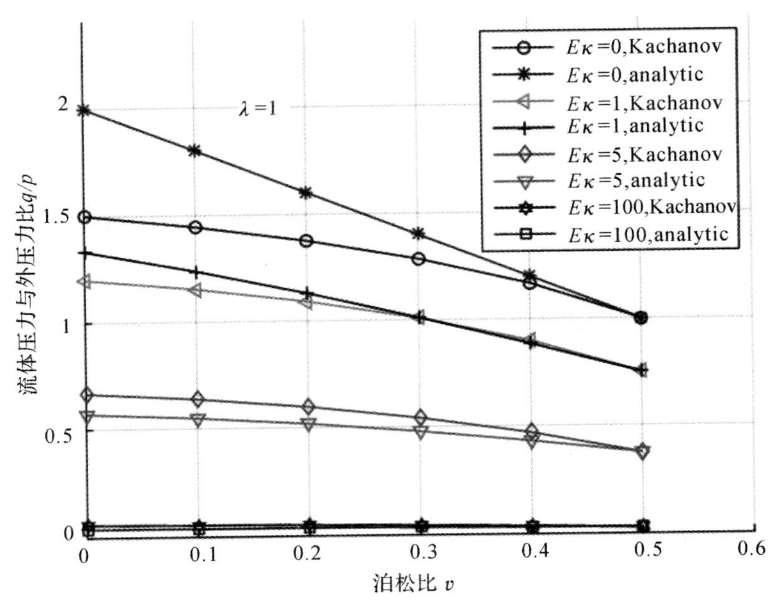

图 2.12 单个圆形流体夹杂无限大平面问题两种解的比较(远方双向受应力)

2.5 考虑表面张力时流体夹杂内压的求解

流体夹杂几何尺度较小时,流体的表面张力将在一定程度上影响材料的变形,尤其对基体较软的材料和软物质材料[4]。流体的表面应满足 Young - Laplace 方程[4],则有

$$\sigma \cdot n = -qn + \gamma K' n \tag{2-90}$$

其中,σ 为固体边界上的应力;q,γ 和 n 分别表示流体压力、流体表面张力系数和流体表面的外法线方向;K' 表示流体表面的曲率。将式(2-90)右端合并同类项可得

$$\sigma \cdot n = -(q - \gamma K')n \tag{2-91}$$

式(2-91)表明,与流体夹杂接触的固体基体的边界面力为 $-(q-\gamma K')$。假设流体的表面张力系数和平均曲率为常数,则仍以图 2.1 所示椭圆形流体夹杂问题为例,当 $\sigma_1=\sigma_2=-p$ 时,可将式(2-14)中的 q 以 $(q-\gamma K')$ 代替,可得

$$\Delta S = -\frac{\pi R^2}{2G}[p(\kappa'+1)(m^2+1) - 2(q-\gamma K')(1+\kappa' m^2)] \tag{2-92}$$

将式(2-92)代入式(2-16),考虑到椭圆面积 $S=\pi R^2(1-m^2)$,可得

$$\frac{\pi R^2[p(\kappa'+1)(m^2+1) - 2(q-\gamma K')(1+\kappa' m^2)]}{2G\pi R^2(1-m^2)} = \kappa q \tag{2-93}$$

整理可得

$$q = \frac{1}{2}\frac{p(\kappa'+1)(m^2+1) + 2\gamma K'(1+\kappa' m^2)}{G\kappa(1-m^2) + (1+\kappa' m^2)} \tag{2-94}$$

当 $m=0$ 时,椭圆孔退化成圆孔,式(2-94)可写为

$$q = \frac{1}{2}\frac{(1+\kappa')p + 2\gamma K'}{\kappa G + 1} \tag{2-95}$$

平面应变状态下，式(2－95)可写为

$$\left.\begin{aligned} q &= \frac{4(1-\nu^2)p}{E\kappa+2(1+\nu)}+\Delta q \\ \Delta q &= \frac{2\gamma K'(1+\nu)}{E\kappa+2(1+\nu)} \end{aligned}\right\} \tag{2-96}$$

其中，Δq 是由液体表面张力引起的内部压力的增量。假设流体夹杂半径为 r，则 $K'=2/r$，代入式(2－96)可得

$$\Delta q=\frac{4\gamma(1+\nu)}{E\kappa+2(1+\nu)}\frac{1}{r} \tag{2-97}$$

假设基体泊松比为 $\nu=0.3$，流体表面张力系数 ν 为 0.072 N/m，则流体表面张力引起的压力增量随夹杂曲率半径 r 呈反比变化，且当 $E\kappa$ 数值比较小时，受可压缩率的影响比较大，如图 2.13 所示。

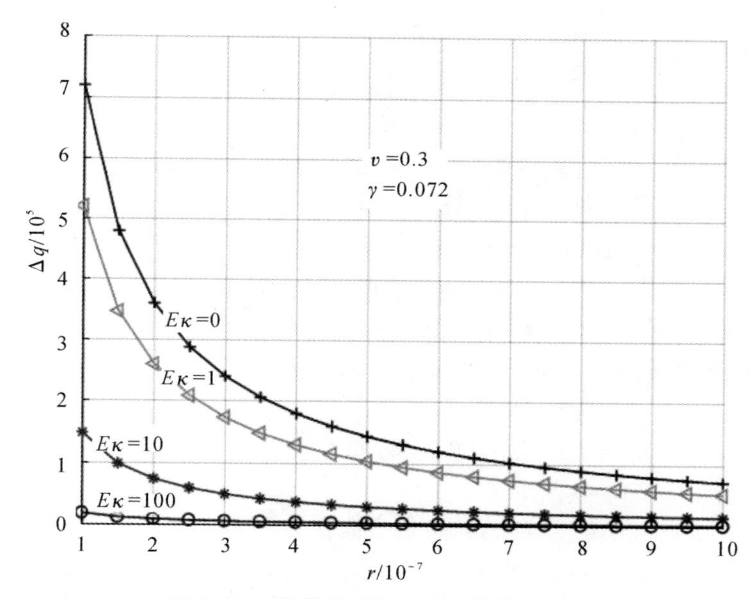

图 2.13　流体表面张力引起的附加压力

当流体不可压缩时，即 $\kappa=0$，有

$$q=2(1-\nu)p+\frac{2\gamma}{r} \tag{2-98}$$

此时，只要流体夹杂的曲率半径小于其表面张力系数时，表面张力引起的压力增加效应就不能忽视。

同理，当远场应力 $\sigma_1=-p$，$\sigma_2=0$ 时，将式(2－23)中的 q 以 $(q-\gamma K')$ 代替可得

$$\Delta S=-\frac{\pi R^2}{G}\left[\frac{1}{4}(\kappa'+1)(1+m^2-2m\cos 2\alpha)p-(q-\gamma K')(\kappa' m^2+1)\right] \tag{2-99}$$

将式(2－99)代入式(2－16)可得

$$q=\frac{\frac{1}{4}(\kappa'+1)(1+m^2-2m\cos 2\alpha)p+\gamma K'(\kappa' m^2+1)}{G\kappa(1-m^2)+(\kappa' m^2+1)} \tag{2-100}$$

当 $m=0$ 时，椭圆孔退化成圆孔，式(2-100)可写为

$$q=\frac{\frac{1}{4}(1+\kappa')p+\gamma K'}{1+\kappa G} \tag{2-101}$$

设圆形流体夹杂半径为 r，平面应变条件下，式(2-101)可写为

$$q=\frac{2(1-\nu^2)p}{2(1+\nu)+\kappa E}+\frac{4\gamma(1+\nu)}{2(1+\nu)r+\kappa Er} \tag{2-102}$$

当流体不可压缩时，可得

$$q=(1-\nu)p+\frac{2\gamma}{r} \tag{2-103}$$

当流体可压缩性较大时，$\kappa E \gg 2(1+\nu)$，远场双向受力情况下流体压力表达式(2-96)，以及远场单向受力时流体压力表达式(2-102)分别可写为

$$q_1\approx\frac{4(1-\nu^2)p}{\kappa E+2(1+\nu)}+\frac{4(1+\nu)(\gamma/\kappa E)}{r} \tag{2-104}$$

$$q_2\approx\frac{2(1-\nu^2)p}{2(1+\nu)+\kappa E}+\frac{4(1+\nu)(\gamma/\kappa E)}{r} \tag{2-105}$$

由式(2-104)和式(2-105)可知，当流体夹杂半径 r 在数值上远大于 $\gamma/\kappa E$ 的数值时，表面张力非常小，当 r 的数值接近 $\gamma/\kappa E$ 的数值或远小于 $\gamma/\kappa E$ 的数值时，流体夹杂压力将会明显增大，其局部刚度将增大，因此，从宏观上来看，夹杂的存在可能增强固体基体的刚度，微尺度下流体夹杂表面张力的作用不可忽视。如果要凸显这一作用，则应尽可能地减小 κE 值，如果流体的可压缩率确定，则只能尽量减小基体的弹性模量 E。也就是说，采用软物质基体，这与文献[5]中认为软物质基体中流体夹杂尺寸小于某临界尺寸时，可提高材料刚度的结论一致。

2.6 本章小结

本章采用复变函数与保角变换法，从考虑表面张力和不考虑表面张力两种情况推导了含单个椭圆形流体夹杂无限大问题的解析解。不考虑表面张力时，运用轴对称问题的弹性力学位移解法验证了复变函数解退化成圆形夹杂的情况。与 Kachanov 解进行对照比较时发现，Kachanov 解存在偏差，这是因为 Kachanov 解高估了由孔所引起的附加应变的大小，从而引起了压力的偏差。考虑表面张力时，当流体夹杂曲率半径的数值远大于 $\gamma/\kappa E$ 时，表面张力非常小，当 r 接近或远小于 $\gamma/\kappa E$ 的数值时，表面张力不可忽视，此时流体压力将会增大。对于大小相同的流体夹杂，尤其是当基体比较软时，流体夹杂的存在将明显使基体材料得到增强。在宏观方面看，微小流体夹杂的存在可能增强固体基体的刚度，这与 Eshelby 夹杂理论认为流体夹杂的存在会降低材料刚度的结论相悖，可能是因为 Eshelby 没有考虑夹杂的尺度效应，因此微尺度下流体夹杂的表面张力作用不可忽视。

第3章　含液固体多连通域问题的边界元法

3.1　问题描述

一般情况下，含液多孔固体介质中所包含的孔隙绝大多数是互相连通的，流体可以从一个孔隙流动或者渗流到另一孔隙中，只有少数的孔隙是孤立的、封闭的。当多孔介质具有开放边界时，包含其中的流体经过长时间的流动、渗流和蒸发之后，介质就可能变成了干固体，例如：处于地表的岩石和混凝土。而当多孔介质具有封闭边界，或在一个较短时间内流体的流动和渗流对多孔介质的特性几乎不产生什么影响时，就可以把多孔介质视为固体基体中含有大量充满孔隙流体的固体介质。含液孔隙的形状、尺寸以及微结构等因素都会在一定程度上影响材料的力学性质，而这正是本书以及众多力学和材料学工作者所感兴趣的问题。如图3.1所示是一个含液多孔固体介质的简化模型：线弹性固体介质内含有n个任意形状的流体夹杂。其中，固体区域和其相应的外边界分别为Ω和Γ，各流体夹杂区域和相应的边界分别为Ω_1，Ω_2，…，Ω_i，…，Ω_n和Γ_1，Γ_2，…，Γ_i，…，Γ_n。此外，Γ_t和Γ_u分别为给定的面力边界和位移边界。

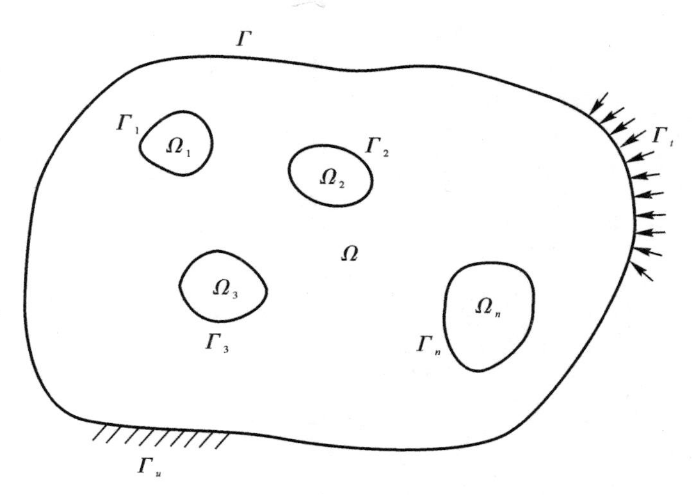

图3.1　含液固体介质的简化模型

当受到外载荷作用时，孔内流体将和固体边界发生相互作用，并产生相互影响，因此该问题是一个典型的静力学流-固耦合问题。本书假定孔内流体为线性可压的均匀无黏流体，根据文献[1]，流体体积变化率与压力之间满足下列关系：

$$-\Delta\Omega_i/\Omega_i=\kappa_i p_i \tag{3-1}$$

其中，Ω_i 和 $\Delta\Omega_i$ 分别表示第 i 个流体夹杂的体积和体积变化量；p_i 和 κ_i 分别表示流体夹杂的压力和可压缩率，本式中对指标“i”不求和，下式与之相同。对于平面问题，流体体积可用相应的面积表示为

$$\Delta S_i = -\kappa_i S_i p_i \tag{3-2}$$

其中，S_i 和 ΔS_i 分别为第 i 个流体夹杂的面积和面积变化量。

对于准静态问题，流体夹杂区域 Ω_i 中的压力 p_i 在确定外载荷条件下是常数，但由于边界 Γ_i 上的位移也是未知量，所以该问题无法直接求解。本章正是根据公式(3－2)建立了平面问题中每个流体夹杂边界 Γ_i 上的位移与压力 p_i 的线性函数关系，并将它作为所缺少的定解条件，使该问题变成一个可定解的复连通域弹性力学边值问题。

3.2 边界元法的基本方程

边界元法有直接法和间接法两种。直接法通常是用格林恒等式或加权残值理论来表述的，其采用的变量物理意义明确，并能通过边界积分方程数值离散后直接求解，是边界元法的主要方法。间接法则是利用位势理论来推导公式的，所使用的变量物理意义不太清楚，而直接法与之比较，则更为一般，应用范围更加广泛。本书主要介绍弹性力学问题的直接边界元法。

3.2.1 边界积分方程的建立

弹性力学边值问题的基本方程如下。

平衡方程

$$\sigma_{ij,j} + f_i = 0 \tag{3-3}$$

几何方程

$$\varepsilon_{ij} = \frac{1}{2}(u_{i,j} + u_{j,i}) \tag{3-4}$$

物理方程

$$\varepsilon_{ij} = \frac{1+\nu}{E}\sigma_{ij} - \frac{\nu}{E}\sigma_{kk}\delta_{ij} \tag{3-5a}$$

或

$$\left.\begin{aligned} \sigma_{ij} &= 2G\varepsilon_{ij} + \lambda\varepsilon_{kk}\delta_{ij} \\ \lambda &= \frac{\nu E}{(1+\nu)(1-2\nu)} \end{aligned}\right\} \tag{3-5b}$$

静力边界条件

$$T_i = \sigma_{ij} n_j = \vec{T}_i \quad (\Gamma_t) \tag{3-6a}$$

位移边界条件

$$u_i = \bar{u}_i \quad (\Gamma_u) \tag{3-6b}$$

将几何方程式(3－4)代入物理方程式(3－5b)，可得到位移形式的应力表达式

$$\sigma_{ij}(u_i) = G(u_{i,j} + u_{j,i}) + \lambda u_{k,k}\delta_{ij} \tag{3-7}$$

将式(3－7)代入平衡方程可得

$$G(u_{i,jj} + u_{j,ij}) + \lambda u_{k,kj} + f_i = 0 \tag{3-8}$$

如图 3.2 所示的平面问题，假设位移基本解为 $u_{l\alpha}^{*}(P,Q)$，它表示在域内 P 点沿 l 方向作用单位力时，在 Q 点沿 α 方向产生的位移分量，则基本解满足下列方程：

$$G[u_{l\alpha,\beta\beta}^{*}(P,Q)+u_{l\beta,\alpha\beta}^{*}(P,Q)]+\lambda u_{lk,k\beta}^{*}(P,Q)+\Delta(\vec{OQ}-\vec{OP})\delta_{l\alpha}=0 \quad (\alpha,\beta,l,k=1,2) \tag{3-9}$$

其中，P 和 Q 分别称为源点和场点，当源点和场点移到边界时分别用小写字母 p 和 q 表示；$\delta_{l\alpha}$ 为克罗内克记号；$\Delta(\vec{OQ}-\vec{OP})$ 是狄拉克函数，两者的表达式如下：

$$\delta_{l\alpha}=\begin{cases}1 & (l=\alpha)\\ 0 & (l\neq\alpha)\end{cases} \tag{3-10}$$

$$\Delta(\vec{OQ}-\vec{OP})=\begin{cases}0 & (\vec{OQ}-\vec{OP}\neq 0)\\ \infty & (\vec{OQ}-\vec{OP}=0)\end{cases} \tag{3-11}$$

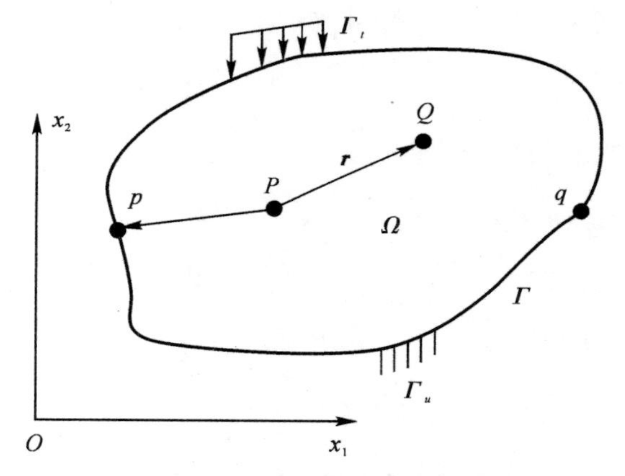

图 3.2　弹性力学平面边值问题

令

$$\sigma_{l\alpha\beta,\beta}^{*}(u_{l\alpha}^{*})=G[u_{l\alpha,\beta\beta}^{*}(P,Q)+u_{l\beta,\alpha\beta}^{*}(P,Q)]+\lambda u_{lk,k\beta}^{*}(P,Q) \tag{3-12}$$

则式(3-9)可写为

$$\sigma_{l\alpha\beta,\beta}^{*}(u_{l\alpha}^{*})+\Delta(\vec{OQ}-\vec{OP})\delta_{l\alpha}=0 \tag{3-13}$$

用基本解 $u_{l\alpha}^{*}$ 作为权函数，对平衡方程式(3-3)进行积分可得

$$\int_{\Omega}(\sigma_{\alpha\beta,\beta}+f_{\alpha})u_{l\alpha}^{*}\,\mathrm{d}\Omega=\int_{\Omega}\sigma_{\alpha\beta,\beta}u_{l\alpha}^{*}\,\mathrm{d}\Omega+\int_{\Omega}f_{\alpha}u_{l\alpha}^{*}\,\mathrm{d}\Omega \tag{3-14}$$

对式(3-14)等号右边第一项进行分部积分，并将式(3-6a)代入可得

$$\int_{\Omega}\sigma_{\alpha\beta,\beta}u_{l\alpha}^{*}\,\mathrm{d}\Omega=\int_{\Gamma}u_{l\alpha}^{*}\sigma_{\alpha\beta}n_{\beta}\,\mathrm{d}\Gamma-\int_{\Omega}\sigma_{\alpha\beta}u_{l\alpha,\beta}^{*}\,\mathrm{d}\Omega=\int_{\Gamma}u_{l\alpha}^{*}T_{\alpha}\,\mathrm{d}\Gamma-\int_{\Omega}\sigma_{\alpha\beta}u_{l\alpha,\beta}^{*}\,\mathrm{d}\Omega \tag{3-15}$$

考虑到应力分量的对称性，可将式(3-15)中位移梯度 $u_{l\alpha,\beta}^{*}$ 用应变 $\varepsilon_{l\alpha\beta}^{*}=\frac{1}{2}(u_{l\alpha,\beta}^{*}+u_{l\beta,\alpha}^{*})$

的形式表示，得

$$\int_{\Omega}\sigma_{\alpha\beta,\beta}u_{l\alpha}^{*}\mathrm{d}\Omega=\int_{\Gamma}u_{l\alpha}^{*}T_{\alpha}\mathrm{d}\Gamma-\int_{\Omega}\sigma_{\alpha\beta}\varepsilon_{l\alpha\beta}^{*}\mathrm{d}\Omega \tag{3-16}$$

根据 Betti 互等定理，上式等号右边第二项可表示为

$$\int_{\Omega}\sigma_{\alpha\beta}\varepsilon_{l\alpha\beta}^{*}\mathrm{d}\Omega=\int_{\Omega}\sigma_{l\alpha\beta}^{*}\varepsilon_{\alpha\beta}\mathrm{d}\Omega \tag{3-17}$$

将式(3－16) 和式(3－17) 代入式(3－14) 可得

$$\int_{\Omega}(\sigma_{\alpha\beta,\beta}+f_{\alpha})u_{l\alpha}^{*}\mathrm{d}\Omega=\int_{\Gamma}u_{l\alpha}^{*}T_{\alpha}\mathrm{d}\Gamma-\int_{\Omega}\sigma_{l\alpha\beta}^{*}\varepsilon_{\alpha\beta}\mathrm{d}\Omega+\int_{\Omega}f_{\alpha}u_{l\alpha}^{*}\mathrm{d}\Omega=0 \tag{3-18}$$

考虑到应力应变张量的对称性，对方程式(3－18) 中等号右边的第二项进行变换，可得

$$\int_{\Omega}\sigma_{l\alpha\beta}^{*}\varepsilon_{\alpha\beta}\mathrm{d}\Omega=\int_{\Omega}\sigma_{l\alpha\beta}^{*}u_{\alpha,\beta}\mathrm{d}\Omega=\int_{\Gamma}\sigma_{l\alpha\beta}^{*}u_{\alpha}n_{\beta}\mathrm{d}\Gamma-\int_{\Omega}\sigma_{l\alpha\beta,\beta}^{*}u_{\alpha}\mathrm{d}\Omega \tag{3-19}$$

将式(3－19) 代入式(3－18) 可得

$$\begin{aligned}\int_{\Omega}(\sigma_{\alpha\beta,\beta}+f_{\alpha})u_{l\alpha}^{*}\mathrm{d}\Omega=\int_{\Gamma}u_{l\alpha}^{*}T_{\alpha}\mathrm{d}\Gamma-\int_{\Gamma}\sigma_{l\alpha\beta}^{*}u_{\alpha}n_{\beta}\mathrm{d}\Gamma+\\ \int_{\Omega}\sigma_{l\alpha\beta,\beta}^{*}u_{\alpha}\mathrm{d}\Omega+\int_{\Omega}f_{\alpha}u_{l\alpha}^{*}\mathrm{d}\Omega=0\end{aligned} \tag{3-20}$$

根据式(3－13)，则式(3－20) 等号右边第三项的积分等于

$$\int_{\Omega}\sigma_{l\alpha\beta,\beta}^{*}u_{\alpha}\mathrm{d}\Omega=\int_{\Omega}-\Delta(\overrightarrow{OQ}-\overrightarrow{OP})\delta_{l\alpha}u_{\alpha}\mathrm{d}\Omega=-u_{l} \tag{3-21}$$

将式(3－21) 代入式(3－20)，可得考虑体力时某一内点位移的边界积分公式为[57]

$$\begin{aligned}u_{l}(P)=\int_{\Gamma}u_{l\alpha}^{*}(P,\ q)T_{\alpha}(q)\mathrm{d}\Gamma(q)-\int_{\Gamma}T_{l\alpha}^{*}(P,\ q)u_{\alpha}(q)\mathrm{d}\Gamma(q)+\\ \int_{\Omega}u_{l\beta}^{*}(p,\ Q)f_{\beta}(Q)\mathrm{d}\Omega(Q)\end{aligned} \tag{3-22}$$

其中，P 和 q 分别为域内和边界上的任意点，一般称前者为源点，后者为场点；$u_l(P)$ 表示源点 P 处的位移；$u_\alpha(q)$ 和 $T_\alpha(q)$ 分别为 q 点处的位移和面力；$u_{l\alpha}^{*}(P,q)$ 是 Kelvin 问题的基本解，其物理意义是在域内任一 P 点沿 x_l 方向作用的单位集中力所引起的 q 点处沿 x_α 方向的位移；$T_{l\alpha}^{*}(P,q)$ 是与之相对应的面力。A 对于弹性力学平面应变问题，基本解和相应面力的具体形式如下[57]：

$$\left.\begin{aligned}u_{l\alpha}^{*}(P,q)(P,\ q)=\frac{1}{8\pi G(1-v)}\left[(3-4v)\delta_{l\alpha}\ln\left(\frac{1}{r}\right)+r_{,l}r_{,\alpha}\right]\\ T_{l\alpha}^{*}(P,\ q)=\frac{-1}{4\pi(1-v)r}\left\{\frac{\partial r}{\partial n}\left[(1-2v)\delta_{l\alpha}+2r_{,l}r_{,\alpha}\right]-\right.\\ \left.(1-2v)(r_{,l}n_{\alpha}-r_{,\alpha}n_{l})\right\}\end{aligned}\right\} \tag{3-23}$$

其中，r 是 P 和 q 之间的距离，$r_{,l}=\dfrac{\partial r}{\partial x_l}$，$r,\alpha\ \dfrac{\partial r}{\partial x_\alpha}$；$\boldsymbol{n}$ 是边界 Γ 在 q 点处的单位外法线矢量；G 是剪切模量；ν 是泊松比。令场点 P 趋近于边界点 p，并在积分方程中对 p 点邻域的积分作特殊处理以避开奇异性，就可以得到弹性力学平面应变问题的边界积分方程为

$$\begin{aligned}c_{l\beta}(p)u_{\beta}(p)=\int_{\Gamma}u_{l\beta}^{*}(p,\ q)T_{\beta}(q)\mathrm{d}\Gamma(q)-\int_{\Gamma}T_{l\beta}^{*}(p,\ q)u_{\beta}(q)\mathrm{d}\Gamma(q)+\\ \int_{\Omega}u_{l\beta}^{*}(p,\ Q)f_{\beta}(Q)\mathrm{d}\Omega(Q)\end{aligned} \tag{3-24}$$

其中，$c_{l\beta}$ 是依赖于边界几何形状的参数[57-58]。

$$c_{l\beta}(p)=\delta_{l\beta}+\lim_{\delta\to 0}\int_{\Gamma^{\delta}}T^{*}_{\alpha\beta}(p,q)\mathrm{d}\Gamma(q)=$$

$$\frac{1}{4\pi(1-\nu)}\begin{bmatrix}4\pi(1-\nu)-\left[2(1-\nu)\alpha+\frac{1}{2}\sin\alpha\right] & -\sin^{2}\alpha \\ -\sin^{2}\alpha & 4\pi(1-\nu)-\left[2(1-\nu)\alpha+\frac{1}{2}\sin\alpha\right]\end{bmatrix} \tag{3-25}$$

对于光滑边界，$c_{l\beta}=\delta_{l\beta}/2,l,\beta=1,2$。由式(3-24)可知，由已知的边界位移和面力，通过求解边界积分方程就可得到其余未知的边界位移和面力，然后利用这些边界量，通过求解式(3-22)就可得到域内任意一点的位移。

3.2.2　边界元代数方程组的建立

与有限元类似，可将如图 3.2 所示的求解域的边界离散成边界单元，通过边界积分方程式(3-24)即可得到离散形式的边界积分方程。常用的边界单元类型有常值单元、线性单元、二次单元以及高次单元等。将弹性体的边界 Γ 划分成 n 个单元，每个单元上有 m 个节点，则有

$$\left.\begin{aligned}\Gamma&=\sum_{j=1}^{n}\Gamma_{j}\\ x_{\alpha}(\xi)&=\sum_{l=1}^{m}N_{l}(\xi)x_{\alpha}^{l}\end{aligned}\right\} \tag{3-26}$$

其中，$N_{l}(\xi)$ 是单元节点插值函数，单元上任一点处的位移和面力可表示为

$$\left.\begin{aligned}u_{\alpha}(\xi)&=\sum_{l=1}^{m}N_{l}(\xi)u_{\alpha}(\xi_{l})\\ T_{\alpha}(\xi)&=\sum_{l=1}^{m}N_{l}(\xi)T_{\alpha}(\xi_{l})\end{aligned}\right\} \tag{3-27}$$

将式(3-26)和式(3-27)代入式(3-24)，得到离散形式的边界积分方程为

$$\begin{aligned}C_{\alpha\beta}(p)u_{\beta}(p)+\sum_{j=1}^{n}\sum_{l=1}^{m}\left[\int_{\Gamma_{j}}T^{*}_{\alpha\beta}(p,q)N_{l}(\xi)\mathrm{d}\Gamma(\xi)\right]u_{\beta}(q_{jl})=\\ \sum_{j=1}^{n}\sum_{l=1}^{m}\left[\int_{\Gamma_{j}}u^{*}_{\alpha\beta}(p,q)N_{l}(\xi)\mathrm{d}\Gamma(\xi)\right]T_{\beta}(q_{jl})+\\ \int_{\Omega}u^{*}_{l\beta}(p,Q)f_{\beta}(Q)\mathrm{d}\Omega(q)\end{aligned} \tag{3-28}$$

其中，q_{jl} 代表第 j 个单元上的第 l 个节点；$u_{\beta}(q_{jl})$ 和 $T_{\beta}(q_{jl})$ 则分别是该节点处的位移和面力值。由于式(3-28)中等号右边第二项涉及体力与基本解在域内的积分，因此要完全将边界积分方程变换为代数方程组，还需在域内划分网格，将式(3-28)中的面积分求出来，一般将域内划分为四边形网格或三角形网络，然后采用高斯积分法进行求解，求解公式如下：

$$F_j=\int_{\Omega}u_{l\beta}^*(p,Q)f_\beta(Q)\mathrm{d}\Omega(Q)=\sum_{s=1}^{m}\int_{\Omega_s}u_{l\beta}^*(p,Q)f_\beta(Q)\mathrm{d}\Omega(Q) \tag{3-29}$$

将边界单元上的节点依次设为源点，通过边界单元上的数值积分，就可以得到式(3-28)的矩阵表示形式：

$$\left.\begin{aligned}&\boldsymbol{Hu}=\boldsymbol{Gt}+\boldsymbol{F}\\&\boldsymbol{F}=[f_1\ f_2\ f_3\ \cdots\ f_n]^{\mathrm{T}}\end{aligned}\right\} \tag{3-30}$$

其中，$\boldsymbol{u}$ 表示边界节点的位移向量；$\boldsymbol{H}$ 是相应的系数矩阵；$\boldsymbol{t}$ 表示边界节点的面力向量；$\boldsymbol{G}$ 是与之对应的系数矩阵；$\boldsymbol{F}$ 是与体力相关的面积分。由于 $\boldsymbol{u}$ 和 $\boldsymbol{t}$ 的元素中都同时包含未知量和已知量，因此将式(3-30)的未知量和已知量分别移到方程等号的左、右两边，可得到如下形式的线性代数方程组：

$$\boldsymbol{Ax}=\boldsymbol{c} \tag{3-31}$$

其中，矩阵 $\boldsymbol{A}$ 是式(3-30)移项变换后与未知量有关的系数矩阵，而未知向量 $\boldsymbol{x}$ 的元素则由边界节点的未知位移和未知面力组成，$\boldsymbol{c}$ 是根据给定边界条件所得到的已知向量。求解方程组式(3-31)，就可以得到所有的边界未知量，从而利用插值公式 (3-27)，可求得边界上任意一点的位移和面力，而域内任意一点 P 的位移值可由 Somigliana 等式(3-22)得到，其离散形式如下：

$$\begin{aligned}u_\alpha(P)=&\sum_{j=1}^{n}\sum_{l=1}^{m}\left[\int_{\Gamma_j}u_{\alpha\beta}^*(P,q)N_l(\xi)\,\mathrm{d}\Gamma(\xi)\right]T_\beta(q_{jl})-\\&\sum_{j=1}^{n}\sum_{l=1}^{m}\left[\int_{\Gamma_j}T_{\alpha\beta}^*(P,q)N_l(\xi)\,\mathrm{d}\Gamma(\xi)\right]u_\beta(q_{jl})+\\&\sum_{s=1}^{m}\int_{\Omega_s}u_{\alpha\beta}^*(P,Q)f_\beta(Q)\mathrm{d}\Omega(q)\end{aligned} \tag{3-32}$$

将 Somigliana 等式(3-22)代入弹性力学平面问题的几何方程和物理方程，可得域内任意一点的应力为

$$\begin{aligned}\sigma_{\alpha\beta}=&G\left(\frac{\partial u_\alpha}{\partial x_\beta}+\frac{\partial u_\beta}{\partial x_\alpha}\right)+\lambda\ \frac{\partial u_\gamma}{\partial x_\gamma}\delta_{\alpha\beta}=\\&\int_\Gamma\left[G\left(\frac{\partial u_{\alpha k}^*}{\partial x_\beta}+\frac{u_{\beta k}^*}{\partial x_\alpha}\right)+\lambda\delta_{\alpha\beta}\ \frac{\partial u_{\gamma k}^*}{\partial x_\gamma}\right]T_k\,\mathrm{d}\Gamma-\\&\int_\Gamma\left[G\left(\frac{\partial T_{\alpha k}^*}{\partial x_\beta}+\frac{\partial T_{\beta k}^*}{\partial x_\alpha}\right)+\lambda\delta_{\alpha\beta}\ \frac{\partial T_{\gamma k}^*}{\partial x_\gamma}\right]u_k\,\mathrm{d}\Gamma+\\&\int_\Gamma\left[G\left(\frac{\partial u_{\alpha k}^*}{\partial x_\beta}+\frac{u_{\beta k}^*}{\partial x_\alpha}\right)+\lambda\delta_{\alpha\beta}\ \frac{\partial u_{\gamma k}^*}{\partial x_\gamma}\right]f_k\,\mathrm{d}\Omega\end{aligned} \tag{3-33}$$

其中，G 为剪切模量；λ 为拉梅(Lame)常数。设

$$\left.\begin{aligned}D_{k\alpha\beta}&=G\left(\frac{\partial u_{\alpha k}^*}{\partial x_\beta}+\frac{\partial u_{\beta k}^*}{\partial x_\alpha}\right)+\lambda\delta_{\alpha\beta}\ \frac{\partial U_{\gamma k}^*}{\partial x_\gamma}\\S_{k\alpha\beta}&=G\left(\frac{\partial T_{\alpha k}^*}{\partial x_\beta}+\frac{\partial T_{\beta k}^*}{\partial x_\alpha}\right)+\lambda\delta_{\alpha\beta}\ \frac{\partial T_{\gamma k}^*}{\partial x_\gamma}\end{aligned}\right\} \tag{3-34}$$

将基本解及其面力式(3-23)代入式(3-34)中,可得

$$D_{k\alpha\beta}=\frac{1}{4\pi(1-v)r}[(1-2v)(\delta_{\alpha k}r_{,\beta}+\delta_{\beta k}r_{,\alpha}-\delta_{\alpha\beta}r_{,k})+2r_{,\alpha}r_{,\beta}r_{,k}]$$

$$\begin{aligned}S_{k\alpha\beta}=&\frac{G}{2\pi(1-v)r^2}\{2r_{,n}[(1-2v)\delta_{\alpha\beta}r_{,k}+v(\delta_{\alpha k}r_{,\beta}+\delta_{\beta k}r_{,\alpha})-\\&4r_{,\alpha}r_{,\beta}r_{,k}]+2v(r_{,\alpha}r_{,k}n_\beta+r_{,\beta}r_{,k}n_\alpha)+\\&(1-2v)(\delta_{\alpha k}n_\beta+\delta_{\beta k}n_\alpha+2r_{,\alpha}r_{,\beta}n_k)-(1-4v)\delta_{\alpha\beta}n_k\}\end{aligned}\tag{3-35}$$

将式(3-34)代入式(3-33)则有

$$\begin{aligned}\sigma_{\alpha\beta}=&\int_\Gamma D_{k\alpha\beta}T_k\mathrm{d}\Gamma-\int_\Gamma S_{k\alpha\beta}u_k\mathrm{d}\Gamma+\int_\Omega D_{k\alpha\beta}f_k\mathrm{d}\Omega=\\&\sum_{j=1}^{n}\sum_{l=1}^{m}\left[\int_{\Gamma_j}D_{k\alpha\beta}(P,q)N_l(\xi)\mathrm{d}\Gamma(\xi)\right]T_k(q_{jl})-\\&\sum_{j=1}^{n}\sum_{l=1}^{m}\left[\int_{\Gamma_j}S_{k\alpha\beta}(P,q)N_l(\xi)\mathrm{d}\Gamma(\xi)\right]u_k(q_{jl})+\\&\sum_{s=1}^{m}\int_{\Omega_s}D_{k\alpha\beta}(P,Q)f_k(Q)\mathrm{d}\Omega\end{aligned}\tag{3-36}$$

式(3-36)是平面应变问题的应力表达式,而将ν用$\nu'=\nu/(1+\nu)$代替就可得到平面应力问题的应力表达式。另外,边界应力并不能通过边界积分方程求出,而是利用边界面力和位移通过几何方程和广义胡克定律来确定的。

$$\left.\begin{aligned}&\sigma_{\alpha\beta}n_\beta=\frac{2G\nu}{1-2\nu}u_{k,k}n_\beta+G(u_{\alpha,\beta}+u_{\beta,\alpha})n_\beta=T_\alpha\\&\frac{\partial u_\alpha}{\partial x_\gamma}\frac{\partial x_\gamma}{\partial\xi}=\frac{\partial u_\alpha}{\partial\xi}\end{aligned}\right\}\tag{3-37}$$

式中,任意一点的面力 T_α 和位移导数 $\partial u_\alpha/\partial\xi$ 可以根据面力和位移的节点值及插值函数求出,因此方程组式(3-37)可看作四个未知量 $u_{\alpha,\beta}(\alpha,\beta=1,2)$ 的线性代数方程组,于是把 $u_{\alpha,\beta}$ 求出,再根据广义胡克定律就可以求出相应的边界应力。

3.3　含液多孔问题的两种求解方法

3.3.1　叠加法

对于图3.1所示的含液多孔固体问题,虽然在每个流体夹杂区域 Ω_i 中,流体压力 p_i 是常数,但这些压力将随着外载荷的变化而变化。因此,在代数方程组式(3-31)中,未知量的个数仍然多于方程的个数,致使该方程组无法直接求解。这些多出的未知量就是各个流体夹杂内的压力 p_i,如何确定这些压力成为求解问题的关键,而这些压力一旦确定,问题就转化为典型的弹性力学边值问题。

针对线性问题，本节将给出一种根据叠加思想的求解方法，称之为叠加法。首先将问题分解为一系列含单孔流体夹杂的子问题，然后针对每个子问题建立流体夹杂体积变化率与流体压力之间的函数关系，进一步采用边界元方法建立以各孔内流体压力为基本未知量的线性代数方程组，最后根据所求出的各流体夹杂的压力计算含液多孔固体介质内各点的位移、变形和应力[99]。下面以平面问题为例，说明如何建立问题的边界元求解方案。

设第 i 个孔的面积为 S_i，其相应的面积变化为 ΔS_i，它不仅依赖于结构所承受的载荷，而且还与各孔流体夹杂内的压力有关，为了计算公式(3-2) 中的 ΔS_i，将原问题分解为 $n+1$ 个可单独求解的子问题，如图 3.3 所示。

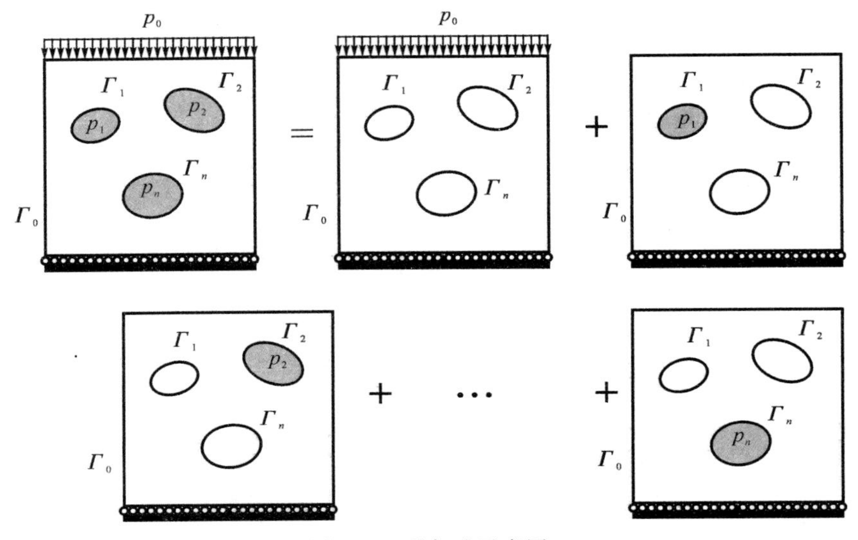

图 3.3　叠加法示意图

图 3.3 中：第 0 个子问题的边界条件为，所有流体夹杂内的压力为零，外边界条件和原问题相同，由此而引起的第 i 个流体夹杂的面积变化量为$(\Delta S_i)_0$；第 j 个子问题的边界条件为，仅在第 j 个孔内作用内压 P_j，其他孔的内压为零，并且只保留原问题的位移边界条件，由此而引起的第 i 个流体夹杂的面积变化为$(\Delta S_i)_j p_j$，这里$(\Delta S_i)_j$ 表示仅在 j 个孔内作用单位压力时所引起的第 i 个孔的面积变化量。

根据叠加原理，方程式(3-2) 可写为

$$\Delta S_i = \sum_{j=1}^{N} (\Delta S_i)_j p_j + (\Delta S_i)_0 = -\kappa_i p_i S_i \tag{3-38}$$

考虑到每个子问题的固体构型是一样的，仅仅是边界条件不同，那么对于每个子问题，运用边界元法得到的代数方程组式(3-31) 等号左边的系数矩阵是同一矩阵，因此可以把这些方程组装在一起，得到方程式(3-39)，可通过一次计算把所有子问题的边界未知量全部求出来，避免了多个子问题需要多次求解的麻烦。

$$\boldsymbol{AX} = \boldsymbol{C} \tag{3-39}$$

其中

$$
\boldsymbol{A}=\begin{bmatrix}
\boldsymbol{A}_{00} & \boldsymbol{A}_{01} & \boldsymbol{A}_{02} & \cdots & \boldsymbol{A}_{0i} & \cdots & \boldsymbol{A}_{0\,n-1} & \boldsymbol{A}_{0n}\\
\boldsymbol{A}_{10} & \boldsymbol{A}_{11} & \boldsymbol{A}_{12} & \cdots & \boldsymbol{A}_{1i} & \cdots & \boldsymbol{A}_{1\,n-1} & \boldsymbol{A}_{1n}\\
\boldsymbol{A}_{20} & \boldsymbol{A}_{21} & \boldsymbol{A}_{22} & \cdots & \boldsymbol{A}_{2i} & \cdots & \boldsymbol{A}_{2\,n-1} & \boldsymbol{A}_{2n}\\
\vdots & \vdots & \vdots & \vdots & \vdots & & \vdots & \vdots\\
\boldsymbol{A}_{i0} & \boldsymbol{A}_{i1} & \boldsymbol{A}_{i2} & \cdots & \boldsymbol{A}_{ii} & \cdots & \boldsymbol{A}_{i\,n-1} & \boldsymbol{A}_{in}\\
\vdots & \vdots & \vdots & \vdots & \vdots & & \vdots & \vdots\\
\boldsymbol{A}_{(n-1)0} & \boldsymbol{A}_{(n-1)1} & \boldsymbol{A}_{n-1\,2} & \cdots & \boldsymbol{A}_{n-1\,i} & \cdots & \boldsymbol{A}_{n-1\,n-1} & \boldsymbol{A}_{n-1\,n}\\
\boldsymbol{A}_{n0} & \boldsymbol{A}_{n1} & \boldsymbol{A}_{n2} & \cdots & \boldsymbol{A}_{ni} & \cdots & \boldsymbol{A}_{n\,n-1} & \boldsymbol{A}_{n\,n}
\end{bmatrix}
$$

$$
\boldsymbol{X}=\begin{bmatrix}
\boldsymbol{X}_{00} & \boldsymbol{X}_{01} & \boldsymbol{X}_{02} & \cdots & \boldsymbol{X}_{0i} & \cdots & \boldsymbol{X}_{0\,n-1} & \boldsymbol{X}_{0\,n}\\
\boldsymbol{X}_{10} & \boldsymbol{X}_{11} & \boldsymbol{X}_{12} & \cdots & \boldsymbol{X}_{1i} & \cdots & \boldsymbol{X}_{1\,n-1} & \boldsymbol{X}_{1\,n}\\
\boldsymbol{X}_{20} & \boldsymbol{X}_{21} & \boldsymbol{X}_{22} & \cdots & \boldsymbol{X}_{2i} & \cdots & \boldsymbol{X}_{2\,n-1} & \boldsymbol{X}_{2\,n}\\
\vdots & \vdots & \vdots & & \vdots & & \vdots & \vdots\\
\boldsymbol{X}_{i0} & \boldsymbol{X}_{i1} & \boldsymbol{X}_{i2} & \cdots & \boldsymbol{X}_{ii} & \cdots & \boldsymbol{X}_{i\,n-1} & \boldsymbol{X}_{i\,n}\\
\vdots & \vdots & \vdots & & \vdots & & \vdots & \vdots\\
\boldsymbol{X}_{n-1\,0} & \boldsymbol{X}_{n-1\,1} & \boldsymbol{X}_{n-1\,2} & \cdots & \boldsymbol{X}_{n-1\,i} & \cdots & \boldsymbol{X}_{n-1\,n-1} & \boldsymbol{X}_{n-1\,n}\\
\boldsymbol{X}_{n\,0} & \boldsymbol{X}_{n\,1} & \boldsymbol{X}_{n\,2} & \cdots & \boldsymbol{X}_{n\,i} & \cdots & \boldsymbol{X}_{n\,n-1} & \boldsymbol{X}_{n\,n}
\end{bmatrix} \tag{3-40}
$$

$$
\boldsymbol{C}=\begin{bmatrix}
\boldsymbol{C}_{00} & \boldsymbol{0} & \boldsymbol{0} & \cdots & \boldsymbol{0} & \cdots & \boldsymbol{0} & \boldsymbol{0}\\
\boldsymbol{0} & \boldsymbol{C}_{11} & \boldsymbol{0} & \cdots & \boldsymbol{0} & \cdots & \boldsymbol{0} & \boldsymbol{0}\\
\boldsymbol{0} & \boldsymbol{0} & \boldsymbol{C}_{22} & \cdots & \boldsymbol{0} & \cdots & \boldsymbol{0} & \boldsymbol{0}\\
\vdots & \vdots & \vdots & & \vdots & & \vdots & \vdots\\
\boldsymbol{0} & \boldsymbol{0} & \boldsymbol{0} & \cdots & \boldsymbol{C}_{ii} & \cdots & \boldsymbol{0} & \boldsymbol{0}\\
\vdots & \vdots & \vdots & & \vdots & & \vdots & \vdots\\
\boldsymbol{0} & \boldsymbol{0} & \boldsymbol{0} & \cdots & \boldsymbol{0} & \cdots & \boldsymbol{C}_{n-1\,n-1} & \boldsymbol{0}\\
\boldsymbol{0} & \boldsymbol{0} & \boldsymbol{0} & \cdots & \boldsymbol{0} & \cdots & \boldsymbol{0} & \boldsymbol{C}_{n\,n}
\end{bmatrix}
$$

其中，$\boldsymbol{A}$ 是 $m\times m$ 阶的矩阵，m 表示边界上的总自由度个数；子矩阵 $\boldsymbol{X}_{ij}\,(i=0,1,2,\cdots,n)$ 表示一个位移矢量，它由第 j 个孔边界上的单位压力所引起的第 i 个孔边界的节点位移所组成，$\boldsymbol{X}_{0j}$ 表示第 j 个子问题固体域外边界上的节点位移矢量，而 $\boldsymbol{X}_{i0}$ 表示由边界上外力引起的第 i 个孔边界上的位移矢量；子矩阵 $\boldsymbol{C}_{ii}\,(i=0,1,2,\cdots,n)$ 表示与第 i 个孔边界上的单位压力所对应的节点载荷向量，$\boldsymbol{C}_{00}$ 表示相应的外边界节点载荷向量。

首先通过求解方程式(3-39)得到 $\boldsymbol{X}_{ij}$，进一步计算第 i 个孔相应的面积变化量 $(\Delta S_i)_j$ 和 $(\Delta S_i)_0$，然后根据式(3-38)列出以压力 p_j 为基本未知量的代数方程组，求解得到每个孔内的压力。孔内压力 p_j 一旦确定，即可用式(3-41)确定所有的边界未知量，进而采用边界元方法可求出固体域内任意一点的变形和应力分布情况为

$$
\boldsymbol{X}_i=\boldsymbol{X}_{i0}+\sum_{j=1}^{n}\boldsymbol{X}_{ij}p_j \tag{3-41}
$$

3.3.2　多子域法

求解效率是计算方法的生命线，如何不断提高求解效率将是计算力学工作者们毕生的追

求。根据3.3.1节所述，虽然叠加方法可以求解含液多孔固体问题，但它必须通过两个步骤来完成整个问题的求解，即，首先通过求解一系列子问题而得到所有流体夹杂边界以及外边界的位移，然后根据流体夹杂边界的位移求出流体夹杂的面积变化，进而得到以各流体压力为基本未知量的线性方程组，求解后得到流体夹杂内部的压力。本节将给出一种新的求解方法——多子域法[99-101]，该方法的主要特点是通过一次求解，可以同时得到所有边界节点的位移和所有流体夹杂区域的压力，因此从求解过程来看，它的计算效率应该比叠加方法高很多。

对于弹性体中含固体夹杂的问题，可以用子域法来求解。当固体夹杂区域具有相同的几何形状、网格划分以及相同的泊松比时，边界元重复子域法或相似子域法[102]具有很好的求解效率，其基本思想是，首先同时建立基体域和每个夹杂域的边界元代数方程组，然后求解夹杂域的代数方程组系统，以得到基体与夹杂界面的面力与位移的函数关系(对于相同或者相似的子域来说，与该夹杂域对应的方程组只用求解一次)，随后利用这个函数关系来凝聚基体与每个夹杂界面的独立未知量数目，也就是把夹杂子域浓缩到基体域的界面上来，从而求解凝聚后的代数方程组就可以得到所有的边界未知量。本书将这个思想扩展到固体域中含流体夹杂的问题中，固体域的边界元代数方程组可以写为

$$\begin{bmatrix} \boldsymbol{A}_{11} & \boldsymbol{A}_{12} & \boldsymbol{A}_{13} \\ \boldsymbol{A}_{21} & \boldsymbol{A}_{22} & \boldsymbol{A}_{23} \\ \boldsymbol{A}_{31} & \boldsymbol{A}_{32} & \boldsymbol{A}_{33} \end{bmatrix} \begin{bmatrix} \boldsymbol{U} \\ \bar{\boldsymbol{U}} \\ \boldsymbol{U}^{\mathrm{f}} \end{bmatrix} = \begin{bmatrix} \boldsymbol{B}_{11} & \boldsymbol{B}_{12} & \boldsymbol{B}_{13} \\ \boldsymbol{B}_{21} & \boldsymbol{B}_{22} & \boldsymbol{B}_{23} \\ \boldsymbol{B}_{31} & \boldsymbol{B}_{32} & \boldsymbol{B}_{33} \end{bmatrix} \begin{bmatrix} \bar{\boldsymbol{T}} \\ \boldsymbol{T} \\ \boldsymbol{T}^{\mathrm{f}} \end{bmatrix} \tag{3-42}$$

其中，$\boldsymbol{U}$为在给定面力外边界上的节点位移向量；$\bar{\boldsymbol{T}}$为相应的给定节点面力向量；$\boldsymbol{T}$为在给定位移外边界上的节点面力向量；$\bar{\boldsymbol{U}}$为相应的给定节点位移向量；$\boldsymbol{U}^{\mathrm{f}}$和$\boldsymbol{T}^{\mathrm{f}}$分别为所有流体夹杂边界的上位移向量和面力向量。

$$\left.\begin{aligned} \boldsymbol{U}^{\mathrm{f}} &= [\boldsymbol{U}_1^{\mathrm{f}} \quad \boldsymbol{U}_2^{\mathrm{f}} \quad \cdots \quad \boldsymbol{U}_i^{\mathrm{f}} \quad \cdots \quad \boldsymbol{U}_n^{\mathrm{f}}]^{\mathrm{T}} \\ \boldsymbol{T}^{\mathrm{f}} &= [\boldsymbol{T}_1^{\mathrm{f}} \quad \boldsymbol{T}_2^{\mathrm{f}} \quad \cdots \quad \boldsymbol{T}_i^{\mathrm{f}} \quad \cdots \quad \boldsymbol{T}_n^{\mathrm{f}}]^{\mathrm{T}} \end{aligned}\right\} \tag{3-43}$$

其中，$\boldsymbol{U}_i^{\mathrm{f}}$和$\boldsymbol{T}_i^{\mathrm{f}}$分别表示内边界$\Gamma_i$上的位移向量和面力向量，在单元节点局部坐标系下，按照法向和切向，其分量可表示如下：

$$\boldsymbol{U}_i^{\mathrm{f}} = [u_{i,1}^{(r)} \quad u_{i,1}^{(\theta)} \quad \cdots \quad u_{i,k}^{(r)} \quad u_{i,k}^{(\theta)} \quad \cdots \quad u_{i,M_i}^{(r)} \quad u_{i,M_i}^{(\theta)}] \tag{3-44}$$

$$\boldsymbol{T}_i^{\mathrm{f}} = p_i \boldsymbol{B} \tag{3-45}$$

$$\boldsymbol{B} = [1 \quad 0 \quad \cdots \quad 1 \quad 0 \quad \cdots \quad 1 \quad 0]_{2M_i} \tag{3-46}$$

其中，上标(r)和(θ)分别表示法向和切向；下标M_i表示内边界Γ_i上的单元节点数；$\boldsymbol{B}$是$2M_i$维的行向量。由于$\boldsymbol{U}^{\mathrm{f}}$和$\boldsymbol{T}^{\mathrm{f}}$都是未知量，因此方程组式(3-42)还不能直接求解，需要补充定解条件。

事实上，流体夹杂的面积变化ΔS_i可由边界Γ_i上的节点位移求出，在小变形情况下，面积变化量和位移呈线性关系：

$$\Delta S_i(\boldsymbol{U}_i^{\mathrm{f}}) = \boldsymbol{U}_i^{\mathrm{f}} \boldsymbol{A}_i \tag{3-47}$$

其中，$\boldsymbol{A}_i$是$2M_i$维的列向量，它与流体夹杂面积变化量ΔS_i有关，将在3.4.1节和3.4.2节中详细讨论它们的计算方法问题。联立方程式(3-2)、式(3-45)和式(3-47)可得

$$[\boldsymbol{T}_i^{\mathrm{f}}]^{\mathrm{T}} = -\frac{1}{\kappa_i S_i}[\boldsymbol{B}]^{\mathrm{T}}[\boldsymbol{A}_i]^{\mathrm{T}}[\boldsymbol{U}_i^{\mathrm{f}}]^{\mathrm{T}} \tag{3-48}$$

从公式(3-48)可以看出，边界Γ_i上的面力$\boldsymbol{T}_i^{\mathrm{f}}$可由位移$\boldsymbol{U}_i^{\mathrm{f}}$线性表示，将表达式(3-48)代

入方程式(3-43)中，便可以得到 $\boldsymbol{T}^{\mathrm{f}}$ 与 $\boldsymbol{U}^{\mathrm{f}}$ 之间的线性关系，进一步代入方程式(3-42)中，通过一次求解计算，就可以得到所有的边界未知量，包括各个流体夹杂中的压力以及夹杂与基体界面的位移。

3.4　流体夹杂面积的计算方法

3.4.1　多边形近似法

对于任意形状的平面图形，通常可用多边形来近似描述，本节将介绍用直边多边形来近似计算流体夹杂的面积。

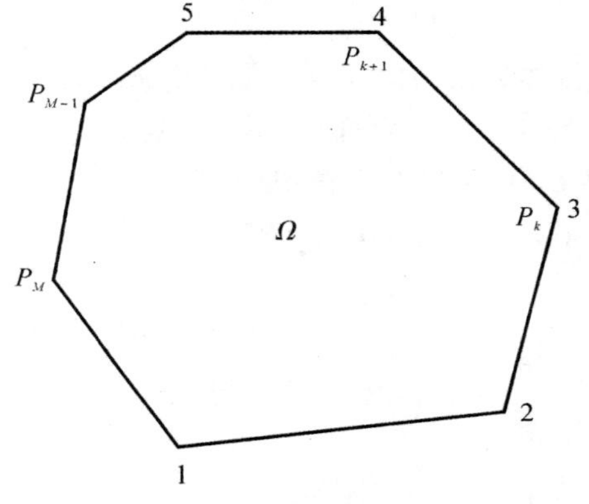

图 3.4　任意形状的多边形

如图 3.4 所示的任意形状的 M 边多边形，其顶点序号按逆时针方向排列，第 k 个顶点坐标为 $P_k(x_k, y_k)$，则该多边形的面积表达式为[103-104]

$$S_0 = \frac{1}{2}\sum_{k=1}^{M-1}(x_k y_{k+1} - x_{k+1} y_k) + \frac{1}{2}(x_M y_1 - x_1 y_M) \tag{3-49}$$

多边形在受力变形后，第 k 个顶点的坐标变为 $P'_k(x_k + u_k^x, y_k + u_k^y)$，依据式(3-49)，则变形后的多边形面积为

$$\begin{aligned} S' &= \frac{1}{2}\sum_{k=1}^{M-1}[(x_k + u_k^x)(y_{k+1} + u_{k+1}^y) - (x_{k+1} + u_{k+1}^x)(y_k + u_k^y)] + \\ &\quad \frac{1}{2}[(x_M + u_M^x)(y_1 + u_1^y) - (x_1 + u_1^x)(y_M + u_M^y)] = \\ &\quad S_0 + \frac{1}{2}\sum_{k=1}^{M-1}(x_k u_{k+1}^y - x_{k+1} u_k^y + y_{k+1} u_k^x - y_k u_{k+1}^x + u_k^x u_{k+1}^y - u_{k+1}^x u_k^y) + \\ &\quad \frac{1}{2}(x_M u_1^y - x_1 u_M^y + y_1 u_M^y - y_M u_1^x + u_M^x u_1^y - u_1^x u_M^y) \end{aligned} \tag{3-50}$$

式中，S_0 表示多边形变形前的面积。考虑小变形问题，可略去式(3-50)中类似于 $u_k^x u_{k+1}^y$ 的二阶小量，由此，则多边形的面积变化量 ΔS 可写为

$$\Delta S = S' - S_0 = \frac{1}{2}\Big[\sum_{k=1}^{M-1}(x_k u_{k+1}^y - x_{k+1}u_k^y + y_{k+1}u_k^x - y_k u_{k+1}^x) + (x_M u_1^y - x_1 u_M^y + y_1 u_M^x - y_M u_1^x)\Big] = \boldsymbol{D}_0\boldsymbol{U}_0 \tag{3-51}$$

其中,$\boldsymbol{U}_0$ 表示多边形顶点的位移列矢量;$\boldsymbol{D}_0$ 是一个其元素和多边形顶点坐标相关的常值列向量。其具体形式如下:

$$\left.\begin{aligned}
&\boldsymbol{D}_0 = \frac{1}{2}\Big[\underbrace{y_2 - y_M \quad x_M - x_2}_{j=1} \cdots \underbrace{y_{j+1} - y_{j-1} \quad x_{j-1} - x_{j+1}}_{1<j<M} \cdots \underbrace{y_1 - y_{M-1} \quad x_{M-1} - x_1}_{j=M}\Big]_{2M} \\
&\boldsymbol{U}_0 = [u_1^x \quad u_1^y \quad \cdots \quad u_j^x \quad u_j^y \quad \cdots \quad u_M^x \quad u_M^y]_{2M}^{\mathrm{T}}
\end{aligned}\right\} \tag{3-52}$$

注意到,式(3-47)中,流体夹杂的面积变化量是由夹杂边界节点处局部坐标系下的节点位移表示的,为了保持与式(3-47)的一致性,这里需要将式(3-51)中的整体坐标下的位移$\boldsymbol{U}_0$变换为局部坐标下节点位移$\boldsymbol{U}$,并且$\boldsymbol{U}$具有类似于式(3-44)的形式。

$$\boldsymbol{U}^{\mathrm{T}} = \boldsymbol{R}\boldsymbol{U}_0 \tag{3-53}$$

$$\boldsymbol{R} = \begin{bmatrix}
n_1^1 & n_2^1 & 0 & 0 & 0 & 0 & 0 & 0 & 0 & 0 \\
-n_2^1 & n_1^1 & 0 & 0 & 0 & 0 & 0 & 0 & 0 & 0 \\
0 & 0 & \ddots & \ddots & 0 & 0 & 0 & 0 & 0 & 0 \\
0 & 0 & \ddots & \ddots & 0 & 0 & 0 & 0 & 0 & 0 \\
0 & 0 & 0 & 0 & n_1^j & n_2^j & 0 & 0 & 0 & 0 \\
0 & 0 & 0 & 0 & -n_2^j & n_1^j & 0 & 0 & 0 & 0 \\
0 & 0 & 0 & 0 & 0 & 0 & \ddots & \ddots & 0 & 0 \\
0 & 0 & 0 & 0 & 0 & 0 & \ddots & \ddots & 0 & 0 \\
0 & 0 & 0 & 0 & 0 & 0 & 0 & 0 & n_1^M & n_2^M \\
0 & 0 & 0 & 0 & 0 & 0 & 0 & 0 & -n_2^M & n_1^M
\end{bmatrix} \tag{3-54}$$

$$\boldsymbol{U} = [u_1^{(r)} \quad u_1^{(\theta)} \quad \cdots \quad u_j^{(r)} \quad u_j^{(\theta)} \quad \cdots \quad u_M^{(r)} \quad u_M^{(\theta)}]_{2M} \tag{3-55}$$

其中,(n_1^j, n_2^j)表示在边界节点j处的单位外法向矢量。由式(3-53)可知$\boldsymbol{U}_0 = \boldsymbol{R}^{-1}\boldsymbol{U}^{\mathrm{T}}$,将其代入式(3-51)可得

$$\Delta S = \boldsymbol{U}(\boldsymbol{D}_0\boldsymbol{R}^{-1})^{\mathrm{T}} \tag{3-56}$$

对比式(3-56)、式(3-48)和式(3-47)可知,式(3-48)中的$\boldsymbol{A} = (\boldsymbol{D}_0\boldsymbol{R}^{-1})^{\mathrm{T}}$,由此式(3-48)可写为

$$\boldsymbol{T}^{\mathrm{T}} = -\frac{1}{\kappa S_0}\boldsymbol{B}^{\mathrm{T}}\boldsymbol{D}_0\boldsymbol{R}^{-1}\boldsymbol{U}^{\mathrm{T}} \tag{3-57}$$

其中,$\boldsymbol{T}$为局部坐标系下的节点面力矢量,其表达形式和式(3-45)相同,则式(3-57)可进一步写为

$$\boldsymbol{T}^{\mathrm{T}} = \boldsymbol{D}\boldsymbol{U}^{\mathrm{T}} \tag{3-58}$$

$$\boldsymbol{D} = -\frac{1}{\kappa S_0}\boldsymbol{B}^{\mathrm{T}}\boldsymbol{D}_0\boldsymbol{R}^{-1} \tag{3-59}$$

当采用边界元法进行求解时，一般将圆形边界离散成由若干直线型单元组成的等边多边形，如图 3.5 所示，用 16 边形近似代替圆形。

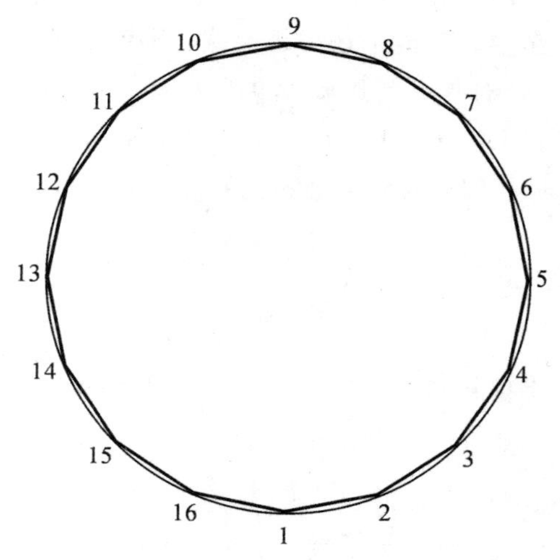

图 3.5　圆形夹杂的多边形近似

当采用不同边数的等边多角形来近似半径为 $r=1$ cm 的圆形时，面积计算误差列于表 3.1 中。

表 3.1　正多边形近似圆形的面积误差($r=1$ cm)

多边形边数	20	40	60	80	100	120	140
多边形面积 /cm²	3.090 170	3.128 689	3.135 854	3.138 364	3.139 526	3.140 157	3.140 538
误差 /(%)	−1.636 830	−0.410 725	−0.182 669	−0.102 775	−0.065 783	−0.045 685	−0.033 565

从图 3.6 可以看出，采用正多边形来近似描述半径为 $r=1$ cm 的圆形时，当多边形的边数达到 80 以上时，多边形的面积才收敛于该圆形的真实面积。

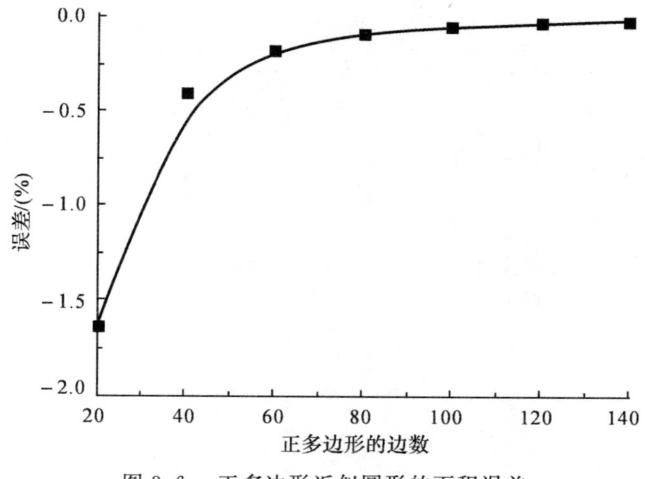

图 3.6　正多边形近似圆形的面积误差

3.4.2 圆弧单元近似法

由上节内容可知，在进行边界元离散后，流体夹杂可用多边形来近似描述，如果在边界上划分的边界单元数越多，夹杂形状就能描述得越准确，相应的面积计算精度就越高，但这样会带来相当大的计算量。本节针对具有圆弧形边界的流体夹杂，提出了一种计算面积变化量的简单方法[103-104]，大大减少了计算量。下面以圆形流体夹杂为例，给出详细说明。

如图3.7所示，将内边界Γ划分成一定数量的圆弧单元，则单元e_k上的位移可用如下公式进行插值：

$$\left.\begin{aligned}u^{(r)}&=N_1u_k^{(r)}+N_2u_{k+1}^{(r)}\\u^{(\theta)}&=N_1u_k^{(\theta)}+N_2u_{k+1}^{(\theta)}\end{aligned}\right\}\tag{3-60}$$

其中，$u^{(r)}$ 和 $u^{(\theta)}$ 表示法向位移和环向位移；$u_k^{(r)}$ 和 $u_k^{(\theta)}$ 分别表示圆弧单元上第k个节点P_k处的法向位移和环向位移；N_1 和 N_2 是相应的形函数。

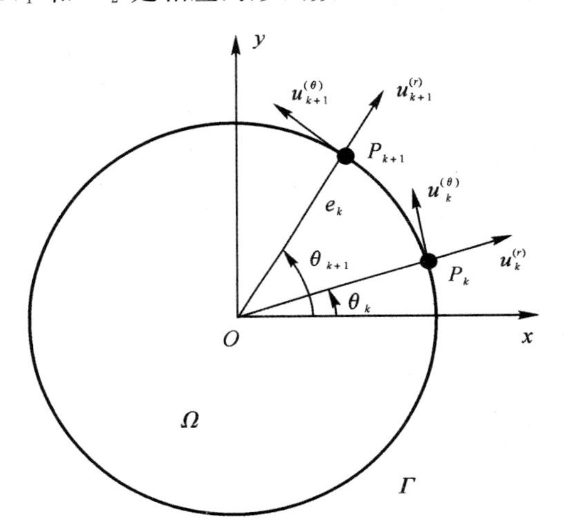

图3.7 曲边上的圆弧单元

$$\left.\begin{aligned}&N_1=(1-\xi)/2,\ N_2=(1+\xi)/2\\&\xi=\frac{2\theta-(\theta_k+\theta_{k+1})}{\theta_{k+1}-\theta_k}\end{aligned}\right\}\tag{3-61}$$

其中，θ 是插值点的环向弧度坐标；θ_k 和 θ_{k+1} 是圆弧单元两个节点的环向弧度坐标。对于小变形问题，圆孔的面积变化量可表示为

$$\Delta S=r\sum_{k=1}^{M}\int_{\theta k}^{\theta k+1}u^{(r)}(\theta)\mathrm{d}\theta\tag{3-62}$$

其中，ΔS 表示圆孔的面积变化量；r 是圆孔的曲率半径；M 表示边界Γ上的圆弧单元个数。将公式(3-60)中的第一式代入式(3-62)，得到

$$\Delta S=r\sum_{k=1}^{M}\int_{\theta k}^{\theta k+1}(N_1u_k^{(r)}+N_2u_{k+1}^{(r)})\mathrm{d}\theta\tag{3-63}$$

其中

$$
\begin{aligned}
&\int_{\theta_k}^{\theta_{k+1}}(N_1 u_k^{(r)} + N_2 u_{k+1}^{(r)})\mathrm{d}\theta = \\
&\int_{\theta_k}^{\theta_{k+1}} N_1 u_k^{(r)}\mathrm{d}\theta + \int_{\theta_k}^{\theta_{k+1}} N_2 u_{k+1}^{(r)}\mathrm{d}\theta = \\
&u_k^{(r)}\int_{\theta_k}^{\theta_{k+1}} \frac{(1-\xi)}{2}\mathrm{d}\theta + u_{k+1}^{(r)}\int_{\theta_k}^{\theta_{k+1}} \frac{(1+\xi)}{2}\mathrm{d}\theta = \\
&u_k^{(r)}\int_{\theta_k}^{\theta_{k+1}} \frac{\theta_{k+1}-\theta}{\theta_{k+1}-\theta_k}\mathrm{d}\theta + u_{k+1}^{(r)}\int_{\theta_k}^{\theta_{k+1}} \frac{\theta-\theta_k}{\theta_{k+1}-\theta_k}\mathrm{d}\theta = \\
&\frac{u_k^{(r)}\theta_{k+1}}{\theta_{k+1}-\theta_k}(\theta_{k+1}-\theta_k) - \frac{u_{k+1}^{(r)}\theta_k}{\theta_{k+1}-\theta_k}(\theta_{k+1}-\theta_k) + \int_{\theta_k}^{\theta_{k+1}} \frac{(u_{k+1}^{(r)}-u_k^{(r)})\theta}{\theta_{k+1}-\theta_k}\mathrm{d}\theta = \\
&u_k^{(r)}\theta_{k+1} - u_{k+1}^{(r)}\theta_k + \frac{(u_{k+1}^{(r)}-u_k^{(r)})(\theta_{k+1}+\theta_k)}{2} = \\
&\frac{(u_{k+1}^{(r)}+u_k^{(r)})}{2}(\theta_{k+1}-\theta_k)
\end{aligned}
\tag{3-64}
$$

因此

$$\Delta S = r\sum_{k=1}^{M}\left[\frac{(u_{k+1}^{(r)}+u_k^{(r)})}{2}(\theta_{k+1}-\theta_k)\right] \tag{3-65}$$

当在圆周上均匀划分圆弧单元时，所有单元所对应的圆心角都相同，即令$(\theta_{k+1}-\theta_k)=2\pi/M$，则有

$$\Delta S = 2\pi r\,\frac{1}{M}\sum_{k=1}^{M} u_k^{(r)} \tag{3-66}$$

比较公式(3-66)和式(3-47)，可知式(3-47)中列向量$\boldsymbol{A}_i$的表达式为

$$\boldsymbol{A}_i = \frac{2\pi r_i}{M_i}\boldsymbol{B}^{\mathrm{T}} \tag{3-67}$$

其中，行向量$\boldsymbol{B}$的形式见公式(3-46)。由此，将式(3-67)代入式(3-48)可得

$$[\boldsymbol{T}_i^{\mathrm{f}}]^{\mathrm{T}} = \boldsymbol{D}[\boldsymbol{U}_i^{\mathrm{f}}]^{\mathrm{T}} \tag{3-68}$$

$$
\begin{aligned}
\boldsymbol{D} &= -\frac{1}{\kappa_i S_i}\frac{2\pi r_i}{M_i}\boldsymbol{B}^{\mathrm{T}}\boldsymbol{B} = \\
&-\frac{2}{M_i\kappa_i r_i}\begin{bmatrix}
1 & 0 & \cdots & 1 & 0 & \cdots & 1 & 0\\
0 & 0 & 0 & 0 & 0 & 0 & 0 & 0\\
\vdots & \vdots & \vdots & \vdots & \vdots & \vdots & \vdots & \vdots\\
1 & 0 & 1 & 0 & 1 & 0 & 1 & 0\\
0 & 0 & 0 & 0 & 0 & 0 & 0 & 0\\
\vdots & \vdots & \vdots & \vdots & \vdots & \vdots & \vdots & \vdots\\
1 & 0 & 1 & 0 & 1 & 0 & 1 & 0\\
0 & 0 & 0 & 0 & 0 & 0 & 0 & 0
\end{bmatrix}_{2M\times 2M} \quad (\kappa_i \neq 0)
\end{aligned}
\tag{3-69}
$$

当流体夹杂为椭圆形时，可用四段两两相切的圆弧近似描述，如图3.8所示，切点分别为C_1，C_2，C_3和C_4，可以证明每两段弧的切点是唯一的[102]。椭圆的长、短半轴分别为a和b，四段圆弧的圆心分别为O_1，O_2，O_3和O_4，曲率半径分别为R_1，R_2，R_3和R_4，且有圆弧1和3关

于 y 轴对称，以及圆弧 2 和 4 关于 x 轴对称。图 3.8 中近似椭圆的面积可计算为

$$S=2\left[\arctan\left(\frac{y(C_1)}{x(C_1)-x(O_1)}\right)R_1^2+\left(\frac{\pi}{2}-\arctan\left(\frac{y(C_1)-y(O_4)}{x(C_1)}\right)\right)R_4^2+x(O_1)\,y(O_4)\right] \tag{3-70}$$

其中，$x(C_l)$ 和 $y(C_l)$ 是两段相邻圆弧间的切点 C_l 的笛卡儿坐标。

对于小变形问题，通过与公式 (3-66) 类似的推导，可得近似椭圆的面积变化量 ΔS 为

$$\Delta S=\sum_{l=1}^{4}R_l\theta_l\bar{u}_{\mathrm{Arc}l} \tag{3-71}$$

其中，$\bar{u}_{\mathrm{Arcl}}$ 是第 l 段圆弧上的节点平均法向位移。

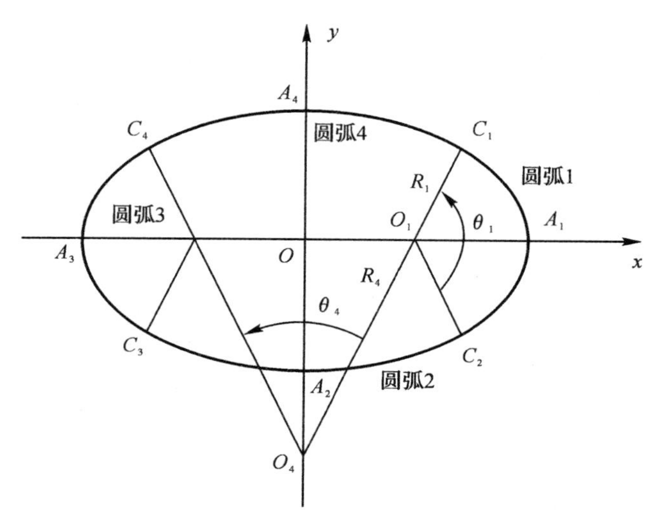

图 3.8　椭圆孔的几何近似

$$\bar{u}_{\mathrm{Arc}l}=\frac{1}{m_l}\sum_{k=1}^{m_l}u_k^{(r)}\quad (l=1,\ 2,\ 3,\ 4) \tag{3-72}$$

其中，m_l 表示第 l 段圆弧上的节点个数。比较式(3-71)和式(3-47)，可知式(3-47)中列向量 $\boldsymbol{A}_i$ 的具体形式如下：

$$\left.\begin{aligned}\boldsymbol{A}_i&=\begin{bmatrix}\boldsymbol{A}_i^1 & \boldsymbol{A}_i^2 & \boldsymbol{A}_i^3 & \boldsymbol{A}_i^4\end{bmatrix}^{\mathrm{T}}\\ \boldsymbol{A}_i^l&=\frac{R_l\theta_l}{m_l}\boldsymbol{B}_l\\ \boldsymbol{B}_l&=\begin{bmatrix}1 & 0 & \cdots & 1 & 0 & \cdots & 1 & 0\end{bmatrix}_{2m_l}\end{aligned}\right\} \tag{3-73}$$

3.5　方法验证

算法的提出是否合理，必须经过严格的考核和验证。由于实验条件的限制，本节将以具有解析解的简单算例，来验证第 3.3 节所提出算法的正确性。下面以含单个圆形可压缩流体夹杂的轴对称问题和无限大平面问题为例，分别采用叠加法和多子域法进行数值求解，并与相应

的解析解进行对照分析，以验证这两种方法的正确性。最后给出了含100个圆形和椭圆形流体夹杂的平面问题的两个算例，为含液多孔固体等效力学性质的数值模拟做了理论准备和可行性分析。

3.5.1　轴对称问题

1. 给定面力边界条件

如图3.9所示，内含不可压缩流体的厚壁圆筒，其内径为 a，外径为 b，外边界受均匀压力 p_0。由已知条件可知，该问题可看作轴对称平面应变问题。

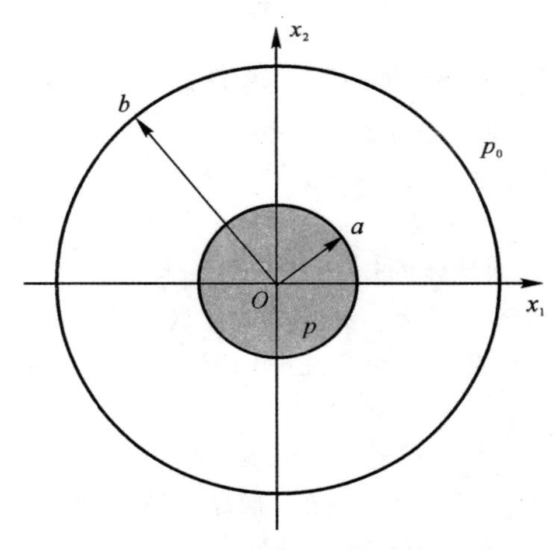

图3.9　轴对称厚壁圆筒

将 $v'=\nu/1-\nu$，$E'=E/1-\nu^2$ 代入式(2-85)，得平面应变状态下孔中的流体压力为

$$p=\frac{4(1-\nu^2)b^2p_0}{2(1+\nu)[(1-2\nu)a^2+b^2]+(b^2-a^2)E\kappa} \tag{3-74}$$

当外半径 b 趋近于无穷大时，平面应变状态的压力如式(2-86)所示。分别采用叠加法和多子域方法对该问题进行求解，同时采用线性圆弧单元进行边界离散，内边界均匀划分48个单元，外边界均匀划分160个单元。表3.2和表3.3中列出了平面应变状态下，当外径保持不变($b=5.0$ cm)而内径取不同值时，内边界的压力和位移的变化。

表3.2　厚壁圆筒内边界的压力(p/p_0)

	$a=0.5$ cm	$a=1.0$ cm	$a=1.5$ cm	$a=2.0$ cm
解析解	1.394 422	1.377 953	1.351 351	1.315 789
多子域法 BEM 误差 /(%)	1.394 421 (-7.2×10^{-5})	1.377 951 (-1.45×10^{-4})	1.351 350 (-7.4×10^{-5})	1.315 787 (-1.52×10^{-4})
叠加法 BEM 误差 /(%)	1.394 424 (1.43×10^{-4})	1.377 954 (7.265×10^{-5})	1.351 352 (7.4×10^{-5})	1.315 790 (7.6×10^{-5})

表 3.3　厚壁圆筒内边界的位移(u/E)

	$a=0.5$ cm	$a=1.0$ cm	$a=1.5$ cm	$a=2.0$ cm
解析解	2.563 745	2.456 693	2.283 784	2.052 632
多子域法 BEM 误差 /(%)	2.563 750 (1.95×10^{-4})	2.456 690 (-1.2×10^{-4})	2.283 780 (-1.75×10^{-4})	2.052 630 (-0.97×10^{-4})
叠加法 BEM 误差 /(%)	2.563 753 (3.12×10^{-4})	2.456 696 (1.22×10^{-4})	2.283 787 (1.31×10^{-4})	2.052 635 (1.46×10^{-4})

一般来说，流体是可压缩的。假设厚壁圆筒内的流体是线性可压缩的，则流体内的压力变化将依赖于流体的可压缩率 κ 以及固体的弹性模量 E。图 3.10 给出了平面应变状态下，当图 3.9 中厚壁圆筒的外径 b 趋近于无穷大时，厚壁圆筒内、外边界处的压力比 p/p_0 随流体可压缩率 κ 以及基体弹性模量 E 的变化曲线。

从图 3.10 中可以看出，孔内流体的压力将随着流体可压缩率的增大而减小，固体的弹性模量 E 越高，则孔内流体压力随 κ 增大而减小的幅度就越大。特别地，当流体不可压缩时，压力比 p/p_0 取最大值，相反，当流体高度可压缩时(趋近于气体时)，压力比将趋近于 0，这个数值结果也与物理事实相符。

由表 3.2、表 3.3 以及图 3.10 可以看出，两种方法的数值结果和解析解的误差很小，也证明了本书提出的边界元方法求解方案是可行的、有效的，但叠加法的效率明显没有多子域法的求解效率高，因为需要叠加这一步骤而增加了计算量。

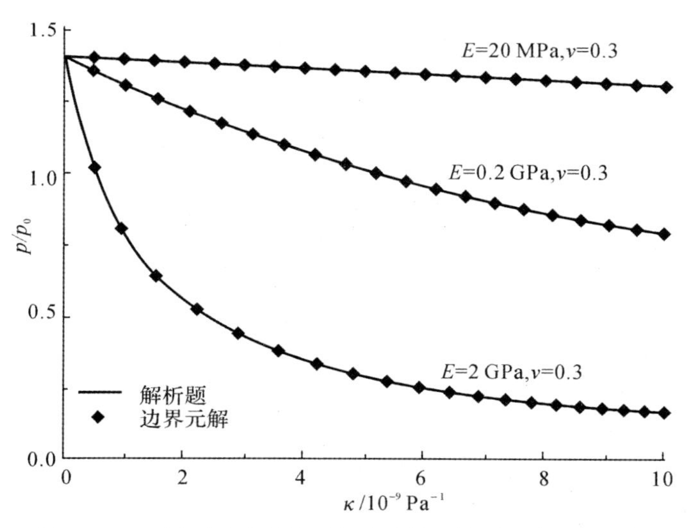

图 3.10　厚壁圆筒内外边界压力比随流体可压缩率的变化

2. 给定位移边界条件

假设在图 3.9 所示厚壁圆筒的外边界 $r=b$ 处，给定位移 u_b，内边界依然为未知的压力 p_a。由式(2-69)第一式和式(2-71)第一式可知该问题的边界条件为

$$\left.\begin{aligned} u_r\big|_{r=b} &= 2C\frac{1-\nu}{E}b - A\frac{1+\nu}{E}\frac{1}{b} = u_b \\ \sigma_r\big|_{r=a} &= 2C + \frac{A}{a^2} = p_a \end{aligned}\right\} \tag{3-75}$$

由式(3-75)可得

$$\left.\begin{aligned} C &= \frac{1}{2}\left(p_a - \frac{A}{a^2}\right) \\ A &= \frac{a^2b^2(1-\nu)}{b^2(1-\nu)+a^2(1+\nu)}\left[p_a - \frac{Eu_b}{(1-\nu)b}\right] \end{aligned}\right\} \tag{3-76}$$

因此根据式(2-69)第一式和式(2-71)第一式可得

$$\left.\begin{aligned} u_a = u_r\big|_{r=a} &= \frac{(1-\nu)}{E}ap_a - \frac{2A}{Ea} \\ \sigma_r\big|_{r=b} &= \frac{2a^2bp_a + (b^2-a^2)Eu_b}{[b^2(1-\nu)+a^2(1+\nu)]b} \end{aligned}\right\} \tag{3-77}$$

在小变形情况下，圆孔的面积变化量可写为

$$\Delta S \approx -2\pi a u_a = -2\pi a\left[\frac{(1-\nu)}{E}ap_a - \frac{2A}{Ea}\right] \tag{3-78}$$

又因为 $\Delta S = -\kappa Sp$，因此

$$\begin{aligned} \Delta S = &-\kappa\pi a^2 p_a = \\ &-2\pi a\left[\frac{(1-\nu)}{E}ap_a - \frac{2A}{Ea}\right] = \\ &-2\pi a^2\frac{(1-\nu)}{E}p_a + \frac{4\pi}{E}\frac{a^2b^2(1-\nu)}{b^2(1-\nu)+a^2(1+\nu)}\left(p_a - \frac{Eu_b}{(1-\nu)b}\right) \end{aligned} \tag{3-79}$$

解方程式(3-79)可得

$$p_a = \frac{4bEu_b}{4b^2(1-\nu) - [2(1-\nu) - E\kappa][b^2(1-\nu)+a^2(1+\nu)]} \tag{3-80}$$

当流体夹杂不可压缩($\kappa = 0$)时，平面应力状态下孔内压力为

$$p_a = \frac{2bEu_b}{(b^2-a^2)(1-\nu^2)} \tag{3-81}$$

当流体不可压缩时($\kappa = 0$)平面应变状态下孔内压力为

$$p_a = \frac{E(1-\nu)}{(1-2\nu)(1+\nu)}\frac{2bu_b}{(b^2-a^2)} \tag{3-82}$$

当外径 b 趋近于无穷时，由式(3-80)可得孔内压力为

$$p_a\big|_{b\to\infty} = \frac{4bEu_b}{4b^2(1-\nu) - [2(1-\nu) - E\kappa][b^2(1-\nu)+a^2(1+\nu)]} = 0 \tag{3-83}$$

与上例一样，采用线性圆弧单元进行边界离散，其中内边界上划分 48 个单元，外边界上则划分 160 个单元。材料常数为 $E = 2$ GPa 和 $\nu = 0.3$，内、外半径分别为 $a = 1$ cm 和 $b = 100$ cm，外边界上位移载荷为 $u_0 = -1$ cm。表 3.4 和表 3.5 中列出了当流体可压缩率 κ 变化时，内外边界上的压力 p 和 p_b，并与解析解进行了对比。

表 3.4　厚壁圆筒内边界的压力 p/u_b

	$\kappa=0$	$\kappa=1\times10^{-9}$	$\kappa=1\times10^{-8}$	$\kappa=1\times10^{-7}$	$\kappa=1\times10^{-6}$	$\kappa=1\times10^{9}$
解析解	-5.3852×10^{7}	-3.0433×10^{7}	-6.1934×10^{6}	-6.9085×10^{5}	-6.9892×10^{4}	-6.9983×10^{-11}
多子域法	-5.3852×10^{7}	-3.0433×10^{7}	-6.1934×10^{6}	-6.9085×10^{5}	-6.9892×10^{4}	-6.9983×10^{-11}
误差/(%)	4.8467×10^{-4}	6.7430×10^{-4}	4.6344×10^{-4}	5.5395×10^{-4}	4.6216×10^{-4}	5.6532×10^{-4}

表 3.5　厚壁圆筒外边界的压力 p_b/u_b

	$\kappa=0$	$\kappa=1\times10^{-9}$	$\kappa=1\times10^{-8}$	$\kappa=1\times10^{-7}$	$\kappa=1\times10^{-6}$	$\kappa=1\times10^{9}$
$\frac{解析解}{10^{-7}}$	3.842 924	3.843 743	3.844 591	3.844 784	3.844 806	3.844 808
$\frac{多子域法}{10^{-7}}$	3.846 710	3.845 890	3.845 040	3.844 870	3.844 840	3.844 830
误差/(%)	9.85×10^{-2}	5.59×10^{-2}	1.17×10^{-2}	2.24×10^{-3}	8.95×10^{-4}	5.71×10^{-6}

从表 3.4 和表 3.5 可以看出，给定外边界位移载荷，并保持固体基体弹性模量不变的情况下，随着流体可压缩率 κ 的增大，厚壁圆筒内壁的流体压力将很快减小，当流体可压缩率 κ 趋近于无穷大，即接近于空气的可压缩率时，流体内部的压力趋近于 0，而外边界的压力几乎保持不变。

3.5.2　中心含单个流体夹杂的平面应变问题

考虑如图 3.11 所示左、右两边受均匀压力 q 作用的含单孔流体夹杂方板的平面应变问题。设板的边长为 $a=10$ cm，圆孔的半径为 $r=0.5$ cm。固体的弹性模量 $E=2$ GPa，泊松比 $\nu=0.3$，$q=10^6$ N/m，流体的可压缩率 $\kappa=0$。为了限制板的刚体位移，约束结构左、右两端边界中点的竖直方向位移和上端边界中点的水平位移。

在求解过程中，内、外边界的离散均采用线性边界单元，方板的每条边上均匀划分 40 个直线型单元，而在圆孔的边界上采用不同类型的单元(圆弧单元或直线型单元)。表 3.6 中列出了当流体夹杂边界上划分不同类型和数量的单元时，孔内压力 p 与外边界压力 q 的比值。由表 3.6 可以看出，在内孔边界采用圆弧单元时，结果收敛很快，而采用直线型单元至少需要划分 100 个单元以上才收敛，这是因为采用圆弧单元不仅能准确地描述曲线边界的几何形状，而且计算圆孔面积的精度也很高。另外，注意到，当方板的边长 l 趋近于无穷大时，由第 2 章式(2-25)可知，孔内压力 p 与外部压力 q 的比值 $p/q=0.7$。而本例中，板边长 l 与圆孔直径 d 的比值为 10 : 1，此时采用边界元法计算的结果为 $p/q=0.697\ 492$，说明：当 $l/d\geqslant10$ 时，就可近似为无穷大平面问题来求解。

考虑如图 3.12 所示对边受均匀压力作用的含单孔流体夹杂方板的平面应变问题。设板的边长为 50 cm，椭圆孔的长半轴为 $a=1.0$ cm，椭圆长半轴与 x 轴夹角为 0，椭圆长细比为 $\lambda=b/a$，λ 介于 0 和 1 之间，则椭圆的尺寸相比板边长小很多，因此该问题趋近于含单个椭圆孔的无限大问题。固体的弹性模量 $E=2$ GPa，泊松比 $\nu=0.3$，压力 $q=1$ MPa，流体可压缩率 $\kappa=0$。为了限制板的刚体位移，约束结构左、右两端边界中点的竖直方向位移和上端边界中点的水平位移。

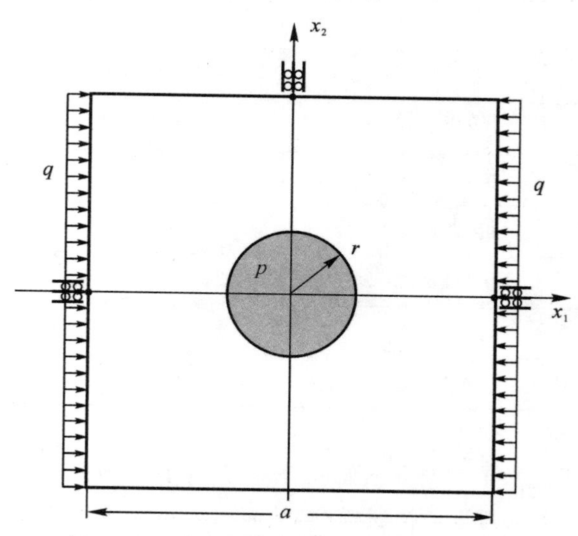

图 3.11　中心含单个圆形流体夹杂的平面

表 3.6　流体压力与外边界的压力比(p/q)

内边界划分的单元数	24	48	96	120	144	168
多子域法 BEM(圆弧单元)	0.697 492	0.697 492	0.697 492	—	—	—
叠加法 BEM(圆弧单元)	0.697 493	0.697 492	0.697 492	—	—	—
叠加法 BEM(直线单元)	4.116 459	2.017 779	1.361 130	0.697 944	0.697 859	0.697 851

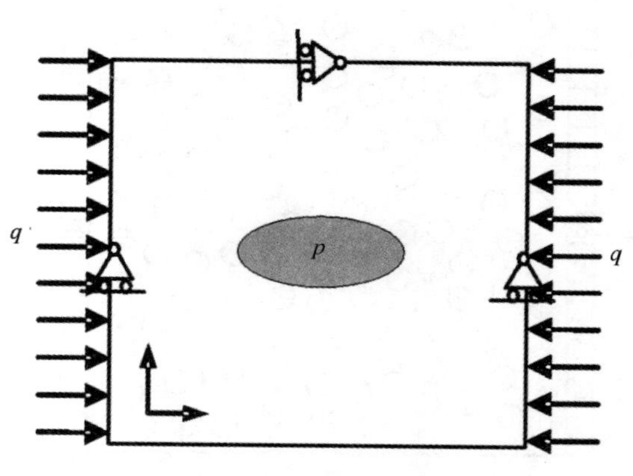

图 3.12　单个椭圆孔形流体夹杂问题

在求解过程中，内外边界均采用线性边界单元，方板的每条边上均匀划分40个直线型单元。椭圆边界按照3.4.2节的方法进行近似和离散，每段圆弧划分12个圆弧单元，共划分48个圆弧单元。表3-7中列出了在固体域外边界条件不变的情况下，不同长细比的椭圆内压力 p 与 q 的比值数值解与对应无限大问题的解析解。

表3-7 流体孔中的相对压力

长细比	p/q		误差/(%)
	解析解	数值解	
0.5	0.259 259	0.281 827	4.85
0.6	0.353 933	0.381 193	4.88
0.7	0.449 541	0.476 619	3.80
0.8	0.541 063	0.567 116	2.97
0.9	0.625 138	0.636 705	1.85
1.0	0.700 000	0.700 594	0.08

由表3-7可知，边界元数值解与解析解吻合良好，尤其是当椭圆长细比接近1时的精度更高，这是因为本书采用四个圆弧近似描述椭圆，从而引入了一定的几何误差，当椭圆越接近于圆形时几何近似误差越小。此外，边界元方法本身的求解精度比较高，因此当椭圆孔变成圆孔时，流体压力的求解精度将会很高。

3.5.3 含100个随机分布的圆形流体夹杂的平面应变问题

计算模型如图3.13所示，考虑边长为 $l=10$ m的正方形区域，域内包含100个随机分布的半径为 r 的圆形流体夹杂。设基体的弹性模量 $E=2$ GPa，泊松比 $\nu=0.3$，流体可压缩率 $\kappa=0$。在结构的左、右两端边界上施加均匀压力 $q=10^6$ N/m，为了避免出现刚体位移，约束结构左、右两端边界中点的竖直方向位移和上端边界中点的水平位移。

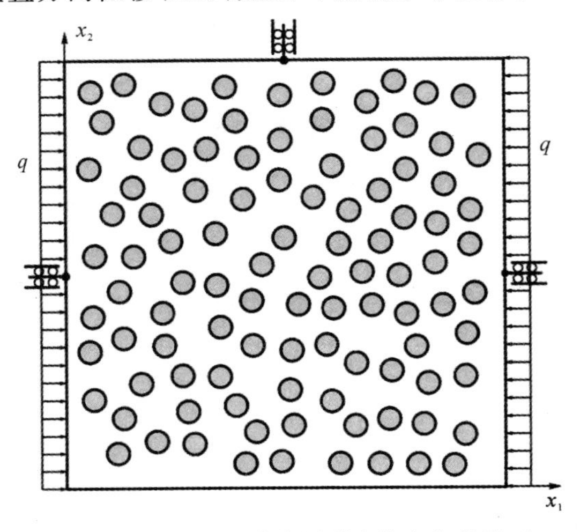

图3.13 含随机分布圆形流体夹杂的平面

本书采用自编程序来建立随机分布的流体夹杂模型。在给定流体夹杂孔隙率后，前处理程序运行时，固定区域内会随机生成孔洞来表示流体夹杂，当新生成的孔洞与已生成的孔或固体外边界相交时，则放弃本次生成的孔，并重新在域内生成圆孔，直至孔隙率等于给定值为止。

在求解过程中，在内外边界上均采用线性边界单元进行离散，方板的每条边上均匀划分 40 个直线型单元，圆孔边界上均匀划分 24 个圆弧单元。图 3.14 所示为位移云图和应力云图。

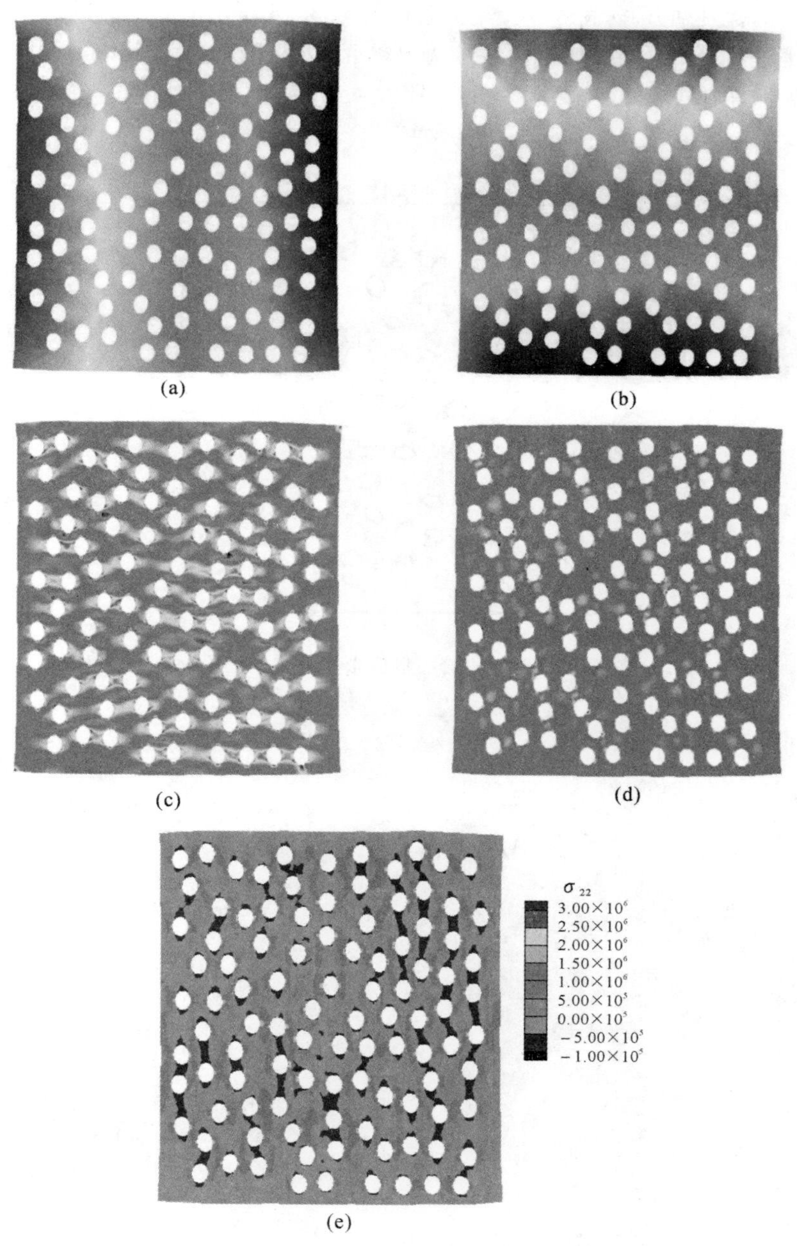

图 3.14　含随机分布圆形流体夹杂介质的位移和应力分布图(孔隙率为 0.2)

(a)X 方向位移分布图；(b)Y 方向位移分布图；(c)X 方向应力分布图；(d) 剪切应力分布图；(e)Y 方向应力分布图

由图 3.14 的应力云图可以看出，孔隙流体的存在，一定程度上弱化了孔隙边界附近的应力集中现象。

3.5.4 含 100 个随机分布的椭圆形流体夹杂的平面应变问题

计算模型如图 3.15 所示，厚度为 1 cm、边长为 $l=10$ cm 的正方形区域内含有 100 个随机分布的椭圆形流体夹杂，其中有 4 种大小不同的椭圆。固体的弹性模量 $E=2$ GPa，泊松比 $\nu=0.3$，$q=10^6$ N/m，流体可压缩率 $\kappa=0$，其他条件与图 3.13 所示的算例相同。

在求解过程中，内外边界上均采用线性边界单元，方板的每条边上均匀划分 50 个直线型单元，圆孔边界上均匀划分 24 个圆弧单元。图 3.16 所示为位移云图和应力云图。

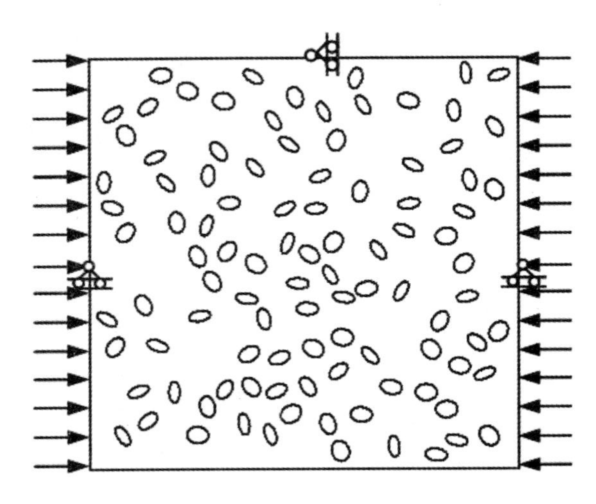

图 3.15　含随机分布椭圆形流体夹杂的平面

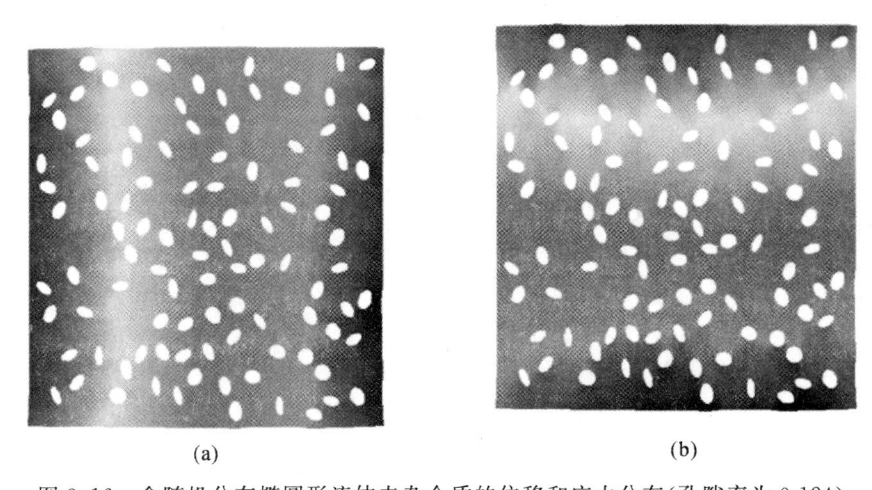

(a)　　(b)

图 3.16　含随机分布椭圆形流体夹杂介质的位移和应力分布(孔隙率为 0.124)

(a) X 方向位移分布图；(b) Y 方向位移分布图

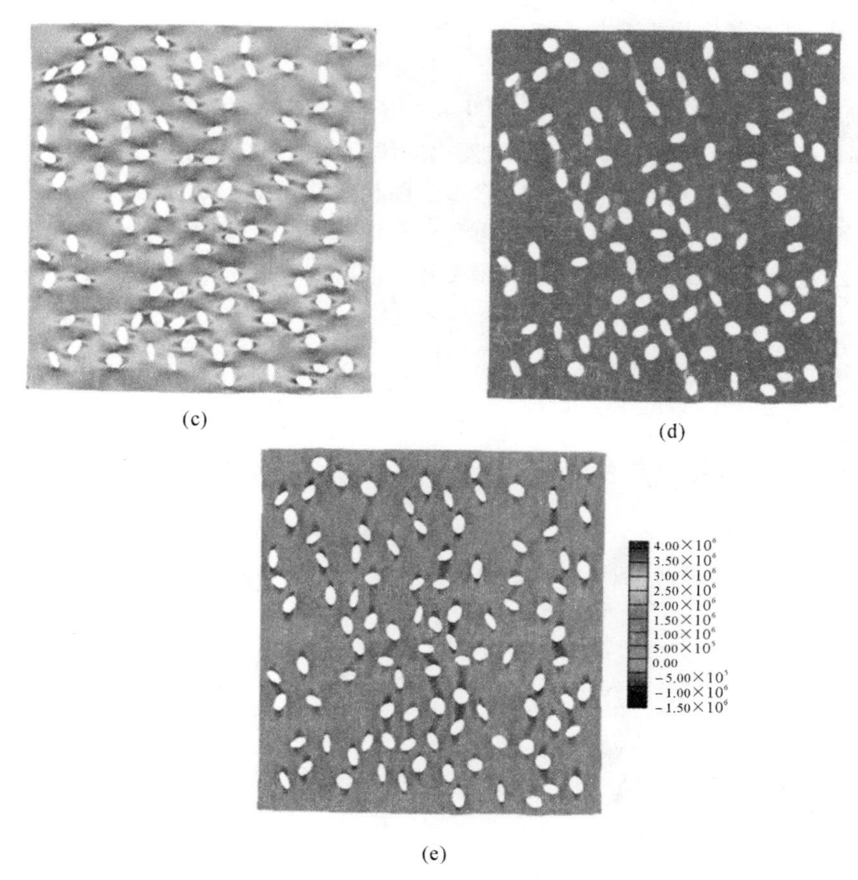

续图 3.16　含随机分布椭圆形流体夹杂介质的位移和应力分布(孔隙率为 0.124)

(c)X 方向应力分布图；(d)剪切应力分布图；(e)Y 方向正应力分布图

3.6　本章小结

本章针对含液多孔固体的平面问题，提出了两种求解方案，即叠加法和多子域法。其主要包括以下几个方面的内容。

(1)介绍了采用边界元法求解弹性力学平面问题的基本原理和实施过程。

(2)针对线性问题，给出了边界元叠加法。将问题分解为一系列含单个流体夹杂的子问题，考虑到每个子问题的固体构型是一样的，而仅仅是边界条件不同。那么，对于每个子问题，运用边界元法得到的代数方程组等号左边的系数矩阵是同一矩阵，因此可以把这些方程组合在一起，通过一次计算把所有子问题的边界未知量同时求出来，避免了多个子问题需要多次求解的麻烦。

(3)针对叠加法的不足，提出了一种边界元多子域法求解方案，给出了详细的公式推导，从列式和求解过程可以看出，该方法比叠加法少一个步骤，可以直接求出流体夹杂中的压力，明显提高了求解效率。

(4)针对两种方法都需要计算孔隙面积变化量的问题，提出了一种求解圆形流体夹杂面积变化量的方法，并将其应用到叠加法和多子域法中，相比用正多边形近似来计算孔隙面积的方法，可以提高算法的整体效率。

(5)通过数值算例，验证了边界元叠加法和多子域法两种求解方案的正确性，并研究了孔内压力随固体弹性模量和流体可压缩率的变化规律以及圆弧单元和直线型单元性能的优、缺点。自编程序，在给定的矩形域内生成了含多个随机分布的圆形或椭圆形流体夹杂的数值模型，采用多子域法分别计算了含100个圆形和椭圆形流体夹杂问题的位移场和应力场，结果表明：用该方法模拟含大量流体夹杂的问题是可行的。

第 4 章　含液固体等效力学性质的数值模拟方法

事实上，流体夹杂的形状、大小、孔隙率以及空间分布规律都会影响含液固体介质的宏观力学性质，如何采用有效的数值方法研究含液多孔固体介质的等效力学性质成为计算力学领域的重要课题之一。本章以平面问题为例，介绍了计算含液多孔固体介质等效力学性质的面力加载模型、位移加载模型和胞元模型[102]；然后通过大量的数值算例，模拟当固体中含有大小相同但位置和方向随机分布的圆形和椭圆形流体夹杂时材料的等效力学性质；考虑流体的可压缩性质，分析了流体可压缩率对材料等效力学性质的影响，结果表明：流体夹杂和固体基体的体积模量比也是影响材料性质的关键参数。

4.1　计算含液固体等效力学性质的基本模型

4.1.1　面力加载模型

如图 4.1 所示，边长分别为 L_1 和 L_2 的矩形区域内含有随机分布的流体夹杂，板的左、右两边承受面力载荷 $\bar{t}_1$。假设是平面应变状态，通过应力、应变关系可计算材料在 x 方向的等效弹性模量 $\bar{E}_x$，如果只在板的上、下两边作用均匀的面力载荷 $\bar{t}_2$，则该模型可用来计算材料在 y 方向的等效弹性模量 $\bar{E}_y$。

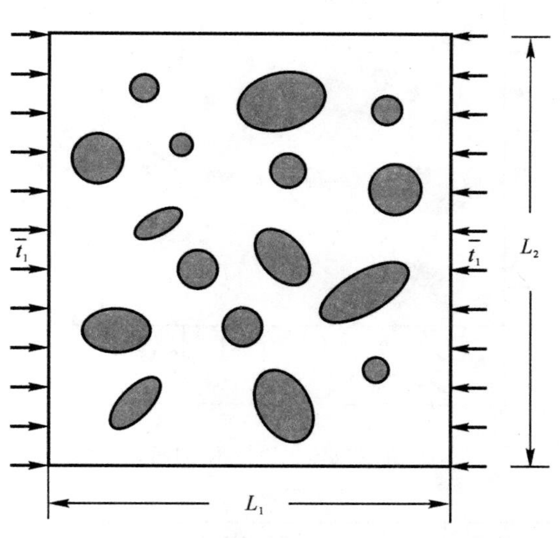

图 4.1　计算等效弹性模量 E_x 的面力加载模型

在给定面力的边界上，等效位移的计算公式如下：

$$\left.\begin{aligned}\bar{\boldsymbol{u}} &= \frac{1}{L_2}\sum_{e}^{n}\int_{\Gamma_t^e}\boldsymbol{u}^e\,\mathrm{d}\Gamma \\ \boldsymbol{u}^e(\xi) &= \sum_{l=1}^{m}N_l(\xi)\boldsymbol{u}(\xi_l)\end{aligned}\right\}\tag{4-1}$$

其中，$\boldsymbol{u}(\xi_l)$为给定面力边界的节点位移矢量；$N_l(\xi)$为插值形函数；m为单元节点数；$\boldsymbol{u}^e(\xi)$为单元位移矢量；$\bar{\boldsymbol{u}}$为边界线上的等效位移矢量；L_2为给定面力的边界线的长度。在平面应变条件下，等效弹性模量可表示如下：

$$\bar{E}_x = (1-\bar{\nu}^2)\bar{t}_1/\bar{\varepsilon}_{11}\tag{4-2}$$

其中，$\bar{\nu}$为材料的等效泊松比；$\bar{\varepsilon}_{11}$为水平方向的等效应变：

$$\left.\begin{aligned}\bar{\varepsilon}_{11} &= \frac{2\bar{u}_1}{L_1} \\ \bar{\nu} &= \frac{\bar{\nu}'}{1+\bar{\nu}'} \\ \bar{\nu}' &= -\frac{\bar{u}_2}{\bar{u}_1}\end{aligned}\right\}\tag{4-3}$$

其中，$\bar{u}_1$为左、右两条边在水平方向的平均位移；$\bar{u}_2$为上、下两条边界在竖直方向的平均位移。$\bar{E}_y$的计算方法与$\bar{E}_x$的计算方法类似。

当该板的左、右两边承受面力载荷$\bar{t}_1$，同时上、下两边承受面力载荷$\bar{t}_2$时，则该模型可用来计算材料的等效体积弹性模量$\bar{K}$，如图4.2所示。

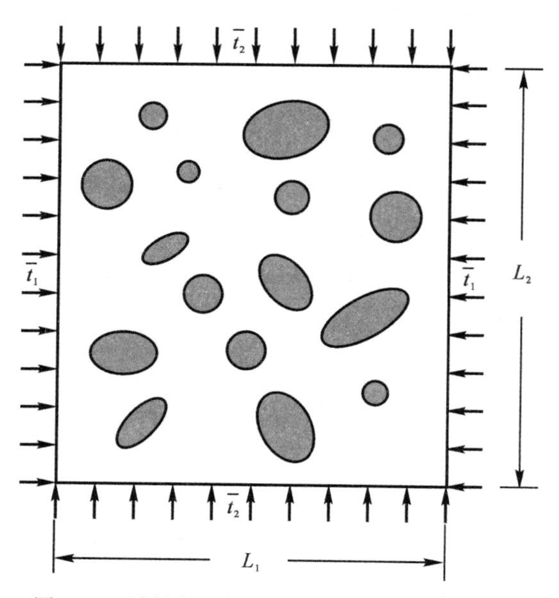

图 4.2　计算等效体积模量 K 的面力加载模型

考虑平面应变的情况，等效体积模量K可表示为

$$K=\frac{\sigma_0}{\theta} \tag{4-4}$$

其中，σ_0 表示平均正应力；θ 表示单位面积变形后的面积变化量，即应变张量的第一不变量。

$$\left.\begin{aligned}\sigma_0&=\frac{\sigma_{11}+\sigma_{22}}{2}=\frac{1}{2}\left(\frac{\int_{\Gamma_{\bar{t}_1}}\bar{t}_1\mathrm{d}\Gamma}{L_2}+\frac{\int_{\Gamma_{\bar{t}_2}}\bar{t}_2\mathrm{d}\Gamma}{L_1}\right)=\frac{\bar{t}_1+\bar{t}_2}{2}\\\theta&=\varepsilon_{11}+\varepsilon_{22}=\frac{2\bar{u}_1}{L_1}+\frac{2\bar{u}_2}{L_2}\end{aligned}\right\} \tag{4-5}$$

其中，σ_{11} 和 σ_{22} 表示水平方向和竖直方向的平均力；ε_{11} 和 ε_{22} 分别为水平方向和竖直方向相应的平均应变。

4.1.2　位移加载模型

如图 4.3 所示，边长分别为 L_1 和 L_2 的矩形区域内含有随机分布的流体夹杂，板的左、右两边给定位移载荷 $\bar{u}_1$。与面力加载模型相同，可以通过应力、应变关系计算材料在 x 方向的等效弹性模量 $\bar{E}_x$，如果只在板的上、下两边给定位移载荷 $\bar{u}_2$，则该模型即可用来计算 y 方向的等效弹性模量 $\bar{E}_y$。

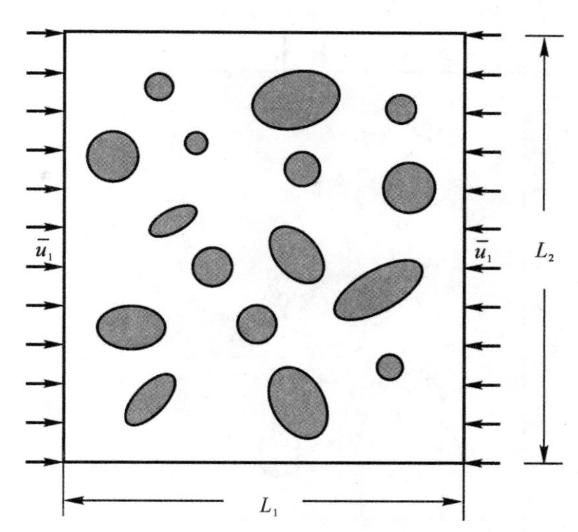

图 4.3　计算等效弹性模量 E_x 的位移加载模型

首先通过边界元法，计算给定位移边界 Γ_u 上的面力 $\boldsymbol{T}$，则可求出位移边界 Γ_u 上的等效作用力为 $\boldsymbol{F}$。

$$\left.\begin{aligned}\boldsymbol{F}&=\int_{\Gamma_u}\boldsymbol{T}\mathrm{d}\Gamma=\sum_{e}^{n}\int_{\Gamma_u^e}\boldsymbol{T}^e\mathrm{d}\Gamma\\\boldsymbol{T}^e(\xi)&=\sum_{l=1}^{m}N_l(\xi)\boldsymbol{t}(\xi_l)\end{aligned}\right\} \tag{4-6}$$

其中，$\boldsymbol{t}(\xi_l)$ 为单元节点面力矢量；$N_l(\xi)$ 为插值形函数；$\boldsymbol{T}^e$ 为单元面力矢量。于是，平面应变情况下含液多孔固体的等效弹性模量 $\bar{E}_x$ 为

$$\bar{E}_x = \frac{\bar{\sigma}_{11}}{\bar{\varepsilon}_{11}}(1-\bar{\nu}^2) \tag{4-7}$$

其中,$\bar{\nu}$ 为等效泊松比;$\bar{\sigma}_{11}$ 和 $\bar{\varepsilon}_{11}$ 分别为水平方向的等效应力和等效应变:

$$\left.\begin{aligned} \bar{\nu} &= \frac{\bar{\nu}'}{1+\bar{\nu}'} \\ \bar{\nu}' &= -\frac{\bar{u}_2}{\bar{u}_1} \\ \bar{\sigma}_{11} &= \frac{F_1}{L_2} \\ \bar{\varepsilon}_{11} &= \frac{2\bar{u}_1}{L_1} \end{aligned}\right\} \tag{4-8}$$

其中,$\bar{u}_1$ 为左、右两边给定的位移;$\bar{u}_2$ 为上、下边界法向位移的平均值。$\bar{E}_y$ 的计算方法与 $\bar{E}_x$ 的计算方法类似。

当该板的左、右两边承受位移载荷 $\bar{u}_1$,而上、下两边承受位移载荷 $\bar{u}_2$ 时,则该模型可用来计算材料的等效体积弹性模量 $\bar{K}$,如图 4.4 所示。

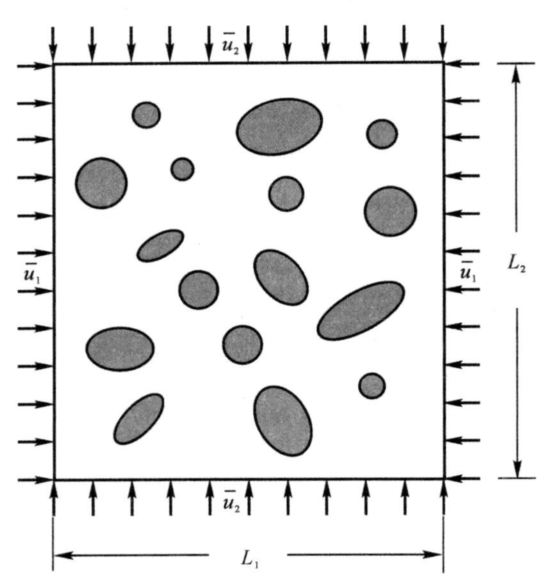

图 4.4　计算等效体积弹性模量 K 的位移加载模型

与面力加载模型一样,可以用公式(4-4) 计算等效体积模量,其中平均正应力计算公式如下:

$$\left.\begin{aligned} \sigma_0 &= \frac{\sigma_{11}+\sigma_{22}}{2} = \frac{1}{2}\left(\frac{\int_{\Gamma_{\bar{u}1}} T_1 \mathrm{d}\Gamma}{L_2} + \frac{\int_{\Gamma_{\bar{u}2}} T_2 \mathrm{d}\Gamma}{L_1}\right) \\ \theta &= \varepsilon_{11}+\varepsilon_{22} = \frac{2\bar{u}_1}{L_1} + \frac{2\bar{u}_2}{L_2} \end{aligned}\right\} \tag{4-9}$$

4.1.3　胞元模型

胞元模型是指在研究整个含液多孔固体介质的等效弹性性质时，从中取出一部分作为一个代表性单元(Representative Volume Element，RVE)，通过施加周期性边界条件，使计算模型的受力状态更加接近于承受单向拉伸或者单向压缩时的真实受力情况。如图 4.5 所示的一个代表性胞元，约束它在左边和下边的法向位移(表示是对称面)，右边界和上边界上分别承受法向位移载荷 $-\bar{u}_1$ 和 $\bar{u}_2$，需要说明的是，必须合理配置 $\bar{u}_1$ 和 $\bar{u}_2$ 的大小，以保证结构在水平方向受单向拉伸或压缩时，上边界的等效面力为零，从而可以实现周期性位移边界条件。

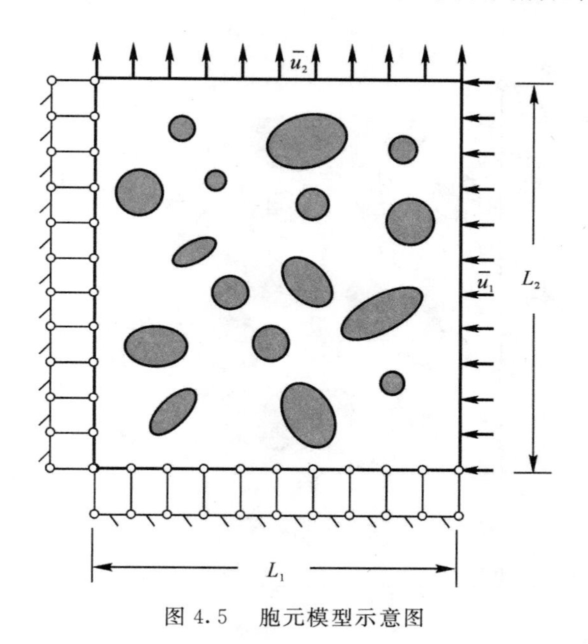

图 4.5　胞元模型示意图

为了确定图 4.5 中模型的右边和上边所需施加的位移载荷的比例大小，可以把该模型看作两个子模型的叠加，如图 4.6(a) 和(b) 所示。

在进行求解时，在子模型(a) 的右边界和子模型(b) 的上边界作用单位位移载荷，用边界元法分别求出子模型(a) 和子模型(b) 上边界的平均面力 F_2^a(负值) 和 F_2^b(正值)，则根据线性本构关系可知，模型图 4.5 中，$\bar{u}_1$ 和 $\bar{u}_2$ 的比例关系应该为

$$\frac{\bar{u}_2}{\bar{u}_1}=-\frac{F_2^a}{F_2^b} \tag{4-10}$$

确定了图 4.5 中 $\bar{u}_1$ 和 $\bar{u}_2$ 之间的比例后，在平面应变状态下，可通过以下公式计算材料的等效弹性模量。

$$\bar{E}_x=\frac{\bar{\sigma}_{11}}{\bar{\varepsilon}_{11}}(1-\bar{\nu}^2) \tag{4-11}$$

其中，$\bar{\nu}$ 为等效泊松比；$\bar{\sigma}_{11}$ 和 $\bar{\varepsilon}_{11}$ 分别为水平方向的等效应力和等效应变：

$$
\left.\begin{aligned}
\bar{\nu} &= \frac{\bar{\nu}'}{1+\bar{\nu}'} \\
\bar{\nu}' &= -\frac{\bar{u}_2}{\bar{u}_1} \\
\bar{\sigma}_{11} &= \frac{F_x}{L_2} \\
\bar{\varepsilon}_{11} &= \frac{\bar{u}_1}{L_1}
\end{aligned}\right\} \tag{4-12}
$$

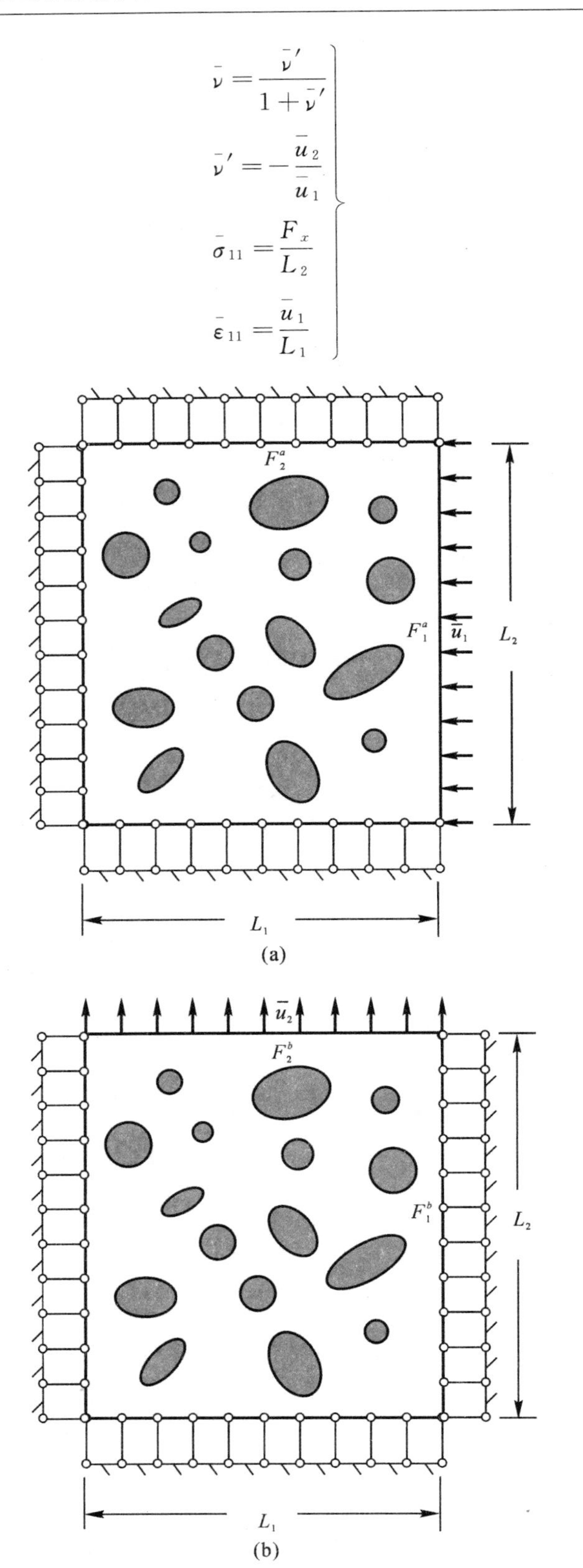

图 4.6　胞元模型的叠加子模型示意图

4.2　含液固体等效力学性质的数值模拟

对于含有大量随机分布的流体夹杂的含液固体介质来说，夹杂所占的孔隙率是影响材料整体宏观性质的主要因素，因此本节主要研究材料等效弹性常数随孔隙率的变化规律。鉴于圆形和椭圆形可以表征夹杂的几何特性，夹杂模型比较容易生成，而且在小变形情况下，圆形或椭圆形夹杂的面积变化量也容易计算，故而本节以平面应变问题为例，通过大量的数值算例，模拟固体中含有大小相同但位置和方向随机分布的圆形和椭圆形流体夹杂的材料等效力学性质。

4.2.1　含圆形流体夹杂固体的等效力学性质模拟

计算模型如第 3 章的图 3.13 所示，材料参数和单元划分也与 3.5.3 节中的例子相同，采用面力加载模型。图 4.7 和图 4.8 给出了材料的等效弹性模量和等效泊松比随孔隙率增大的变化曲线，对于每个孔隙率，一共计算了 5 个样本，孔隙率的最大值为 0.20。

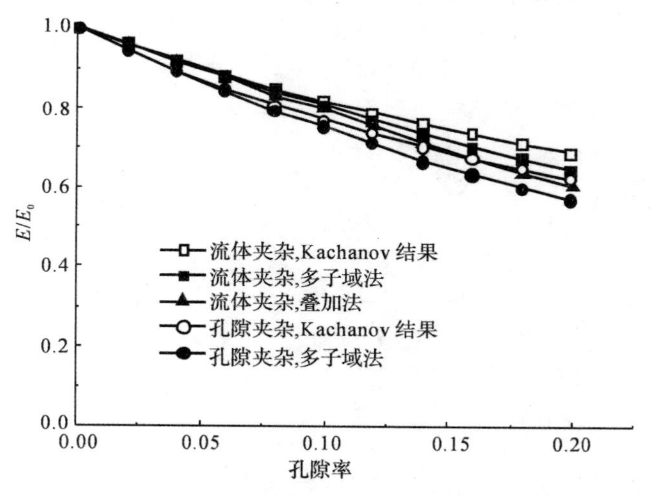

图 4.7　不同孔隙率下的等效弹性模量

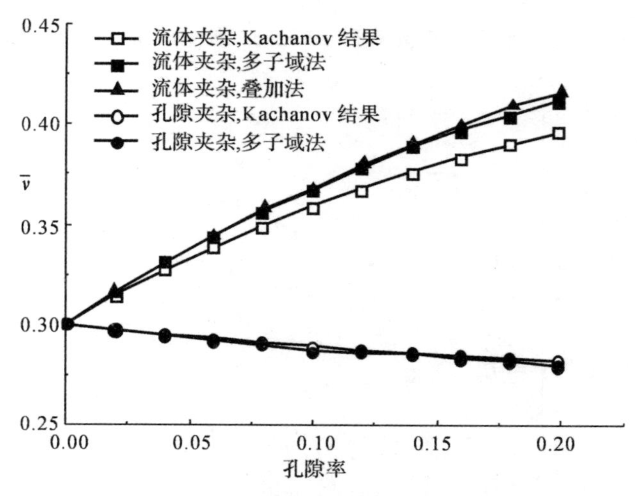

图 4.8　不同孔隙率下的等效泊松比

图 4.7 和图 4.8 的计算结果表明：

(1) 随着孔隙率的增加，材料的等效弹性模量逐渐变小，在同一孔隙率下，夹杂是流体时材料的等效弹性模量在大于夹杂是孔隙时的相应值，但都小于固体基体的弹性模量。

(2) 随着孔隙率的增加，当夹杂是流体时，等效泊松比逐渐增大，而夹杂为孔隙时，等效泊松比却略微有所减小。

(3) 当孔隙率为零时(材料不含夹杂)，等效弹性模量和泊松比与基体的值对应相等。

(4) 多子域方法和叠加法几乎具有相同的计算精度，但从算法实施过程来看，多子域方法的计算效率明显高于叠加法，可以节省一半的 CPU 计算时间。

(5) 整体上，在同等条件下，等效弹性模量的数值结果比 Kachanov [1] 的理论预测值稍小，而等效泊松比却比 Kachanov 的预测值稍大。

在上述算例中，没有考虑流体的可压缩性质。事实上，流体夹杂在一定程度上或多或少都是可压缩的，含液多孔固体介质的等效弹性模量和泊松比不仅依赖于流体的可压缩率 κ，也同时依赖于基体的体积模量的大小。下面采用面力加载模型给出了不同体积模量比 K_f/K_s 下等效弹性模量和等效泊松比随孔隙率的变化曲线，如图 4.9 和图 4.10 所示；采用胞元模型计算了不同孔隙率下材料等效弹性模量和泊松比随体积模量比 K_f/K_s 的变化规律，如图 4.11 和图 4.12 所示，其中 $K_f=1/\kappa$ 表示流体的体积模量，K_s 表示固体的体积模量。在每个孔隙率下，计算 5 个样本，并取其平均值。

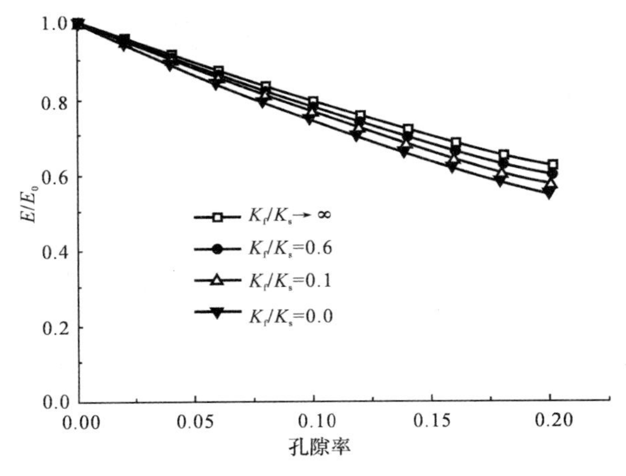

图 4.9 不同体积模量比下的等效弹性模量随孔隙率的变化

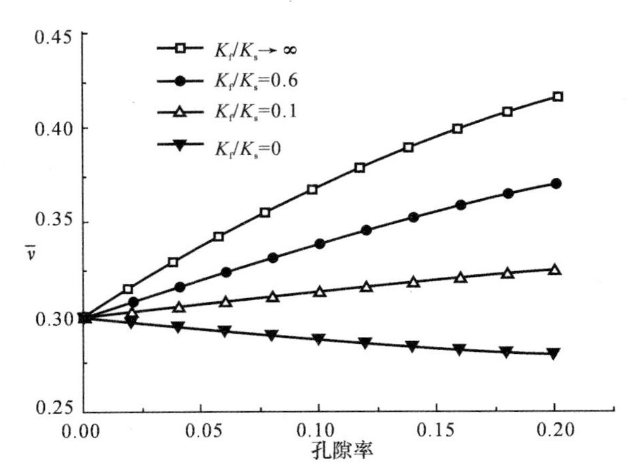

图 4.10 不同体积模量比下的等效泊松比随孔隙率的变化

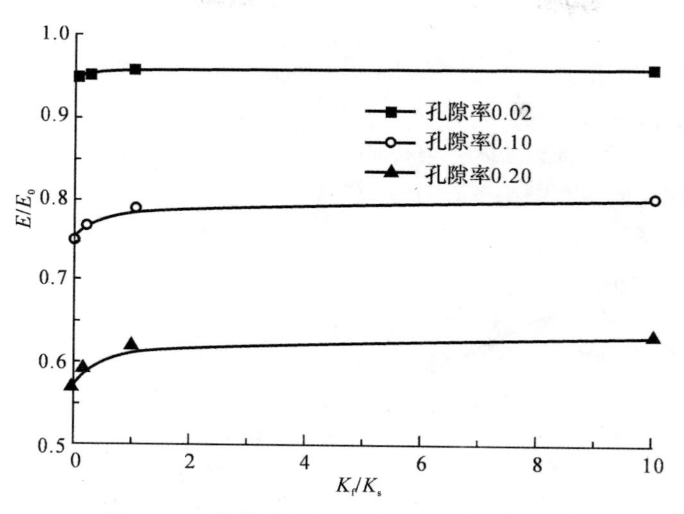

图 4.11　等效弹性模量随体积模量比的变化

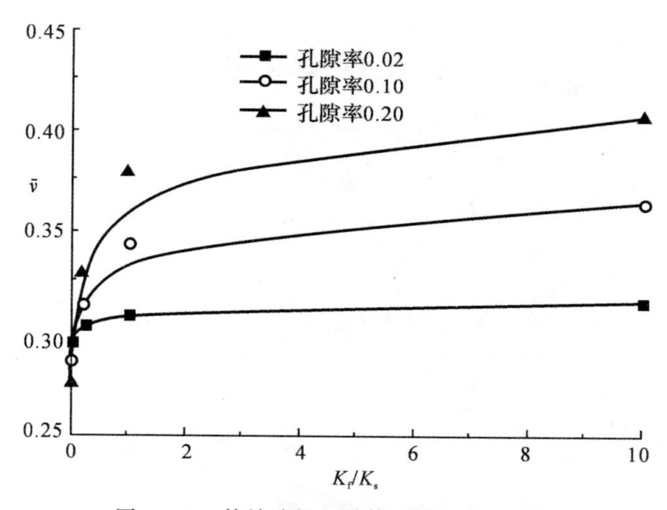

图 4.12　等效泊松比随体积模量比的变化

从图 4.9 ～ 图 4.12 中可以看出：在同一孔隙率下，随着体积模量比的增加，等效弹性模量和等效泊松比都有增大的趋势，当 $K_f/K_s \geqslant 10$ 时结果开始趋于稳定，其中 K_f/K_s 趋近于无穷大时则对应着流体不可压缩的情况；而在某一特定体积模量比下，孔隙率越大，材料的等效弹性模量越小，等效泊松比则表现出相反的变化趋势。

4.2.2　含椭圆形流体夹杂固体的等效力学性质模拟

计算模型如第 3 章的图 3.15 所示，椭圆形流体夹杂大小相同，但分布方向和位置是随机的，材料参数和单元划分也与 3.5.4 节中的算例相同，采用面力加载模型进行模拟。图 4.13 和图 4.14 给出了材料的等效弹性模量和等效泊松比随孔隙率增加时的变化曲线，在每个孔隙率下，计算 5 个样本，并取其平均值。

图 4.13 和图 4.14 的计算结果表明：

(1) 随着流体夹杂孔隙率的增加,等效弹性模量逐渐变小,但等效泊松比却逐渐增大。整体上,等效弹性模量的数值结果比 Kachanov[1] 的理论预测值稍小,而等效泊松比却比 Kachanov 的预测值稍大。

(2) 在相同孔隙率下,椭圆流体夹杂长细比分别取 0.7 和 0.6 时,等效弹性模量和泊松比几乎对应相等,说明在同一孔隙率下,当椭圆流体夹杂的位置和方向都是随机分布时,材料整体呈现出各向同性特征。

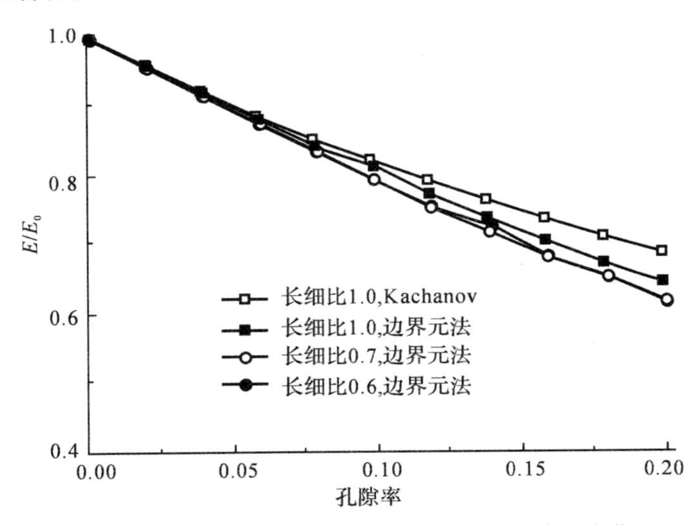

图 4.13　含液固体介质等效弹性模量随孔隙率的变化

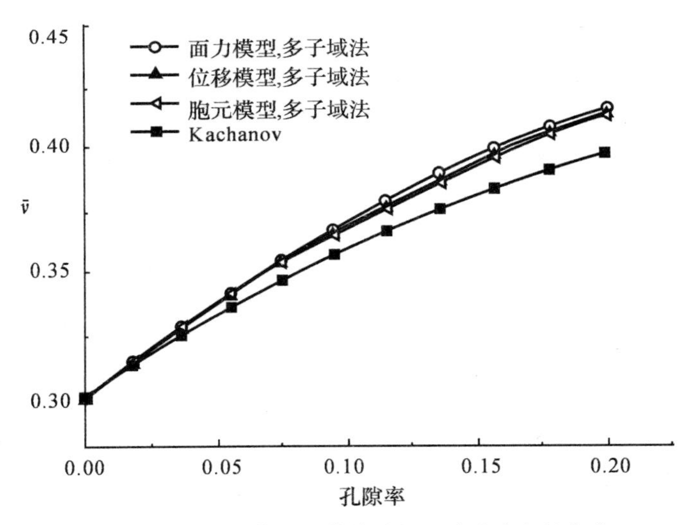

图 4.14　含液固体介质等效泊松比随孔隙率的变化

4.2.3　采用不同加载模型模拟材料的等效弹性性质

计算模型如第 3 章的图 3.13 所示,假设流体是不可压缩的,固体材料常数和单元划分与 3.5.3 节的算例相同,在每个孔隙率下,计算 5 个样本,并取其平均值。分别采用面力加载模型、位移加载模型和胞元模型进行模拟，图 4.15 和图 4.16 分别是等效弹性模量和等效泊松比在不同孔隙率下的模拟结果。

从图 4.15 和图 4.16 中可以看出：在同一孔隙率下，采用位移加载模型时的等效弹性模量比面力加载模型的结果稍大，而采用胞元模型时计算的结果又比采用位移加载模型的结果稍大，但它们都小于采用 Kachanov 的方法预测的结果；而等效泊松比却是面力加载模型的模拟结果最大，依次是位移加载模型和胞元模型，Kachanov 的结果最小，变化趋势都是随着孔隙率的增大而增大。

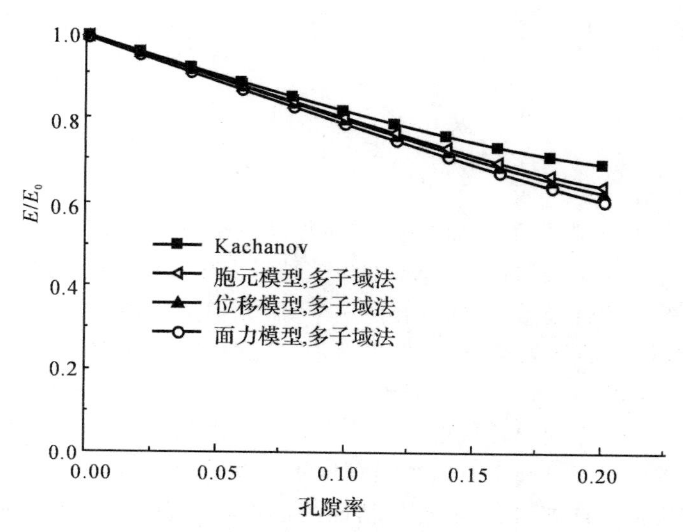

图 4.15　采用不同模型时等效弹性模量随孔隙率的变化

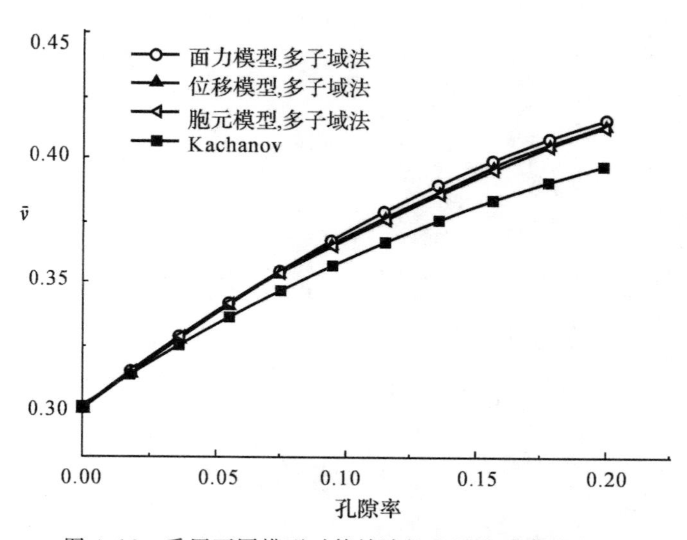

图 4.16　采用不同模型时等效泊松比随孔隙率的变化

上述计算结果表明：在同一孔隙率下，无论是采用哪种模型进行模拟，对于等效弹性模量，本书的模拟结果均小于 Kachanov 的预测值，而对于等效泊松比，本书的模拟结果均高于 Kachanov 的预测值。本书采用边界元法进行数值模拟的误差主要来源于离散误差和模型误差。对于离散误差，可以通过划分更多的单元来予以减小；而模型误差则与夹杂的数量是否足够多以及分布规律的随机性是否足够好有很大关系。由于本书的研究重点不在于计算模型而在于求解算法，因此仅采用计算机系统的随机函数生成夹杂模型，对生成模型的随机性没有进行足够的优化和考核，但计算结果表明，每个样本的计算结果的分散度却非常小，因此模型基本满足随机性的要求。本书在第 2 章中已经提到，Kachanov 的理论预测没有考虑流体夹杂之间的相互作用，这个原因可能导致其在含单个流体夹杂的解答以及材料宏观等效弹性性质的预测中都会出现一定的偏差。总体上，本书数值模拟结果和 Kachanov 的理论预测都反映了材料的物理本质，即材料中含有的孔隙流体越多时，弹性模量越小，也就是说刚度变小了，但随之等效泊松比却变大了。

4.3 本章小结

本章采用三种计算模型，即面力加载模型、位移加载模型和胞元模型来模拟含液固体介质的等效材料性质。计算结果表明：三种模型的模拟结果变化趋势一样，相同条件下的计算结果也相差不大。模拟等效弹性模量时，同一孔隙率下，胞元模型的结果最大，位移加载模型的结果次之，而面力加载模型的结果最小；模拟等效泊松比时，同一孔隙率下，胞元模型的结果最小，位移加载模型的结果次之，而面力加载模型的结果最大。从三种模型的受力条件可知，胞元模型最接近于材料在受单向拉伸或单向压缩时的受力状态，因此相比之下，该模型的结果更加可靠。数值模拟的意义不仅在于可以预测材料的等效力学性质，还在于可以得到结构内部的力学物理量分布规律等详细信息，如比较精确的位移和应力分布，这对材料的设计和安全性评估都有一定的参考价值。

第 5 章　多类型夹杂问题的边界元统一求解方法

由于自然形成或者工艺不同，某些非均匀物质，如土壤、混凝土以及颗粒增强复合材料等物体中可能含有各种类型的夹杂，如孔隙、弹性颗粒、刚性颗粒以及流体夹杂。在这种情况下，采用单一的夹杂处理方法已不能满足求解问题的需要，但边界元分域求解的思想仍然适用。可将固体基体划分为一个子域，而每个不同性质的夹杂自动成为一个子域，依次列出每个子域的边界积分方程，根据各夹杂子域与基体子域公用边界上的位移连续条件和面力平衡条件形成除边界条件以外的补充定解条件，最后进行边界离散，形成整个问题的代数方程组并进行求解。

5.1　模拟各种夹杂问题的边界元法

如图 5.1 所示，长为 L_1、宽为 L_2 的矩形区域中含有 N 个不同类型的夹杂，分别是 l 个孔隙夹杂 Ω_{H_i}、m 个弹性夹杂 Ω_{S_j} 和 n 个流体夹杂 Ω_{F_k}。

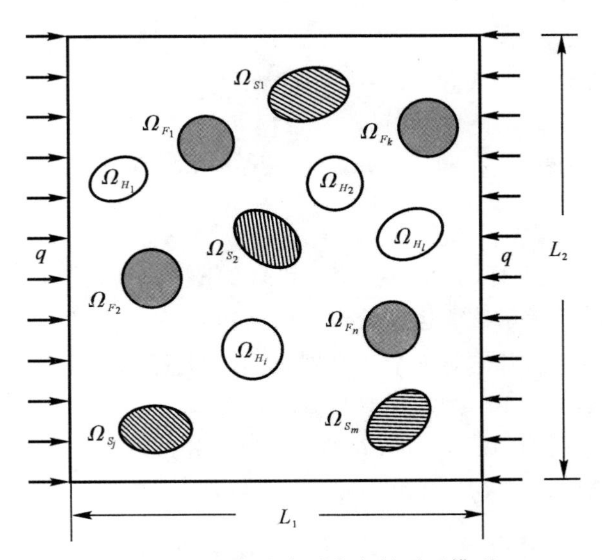

图 5.1　含各种类型夹杂的平面模型

在矩形区域的左、右两条边界上分别作用均匀压力 q，每个夹杂不仅受外载荷的影响，还与相邻夹杂之间发生相互作用，其受力状态将会变得非常复杂，而通过边界元方法，可以求出所有夹杂和基体界面的受力状态和位移响应。基体子域的外边界为 Γ_0，其他边界是与各夹杂的公用边界，因此可将其视为一个具有内边界条件的复连通区域。第 i 个孔隙的边界为 Γ_{H_i}，第 j 个弹性夹杂的边界为 Γ_{S_j}，第 k 个流体夹杂的边界为 Γ_{F_k}。此外，本书约定：沿着基体子域边界线的正方向前进时，应保证域内所有的点始终都在边界的左侧，在进行边界离散时，同一段边界线上的节点编号应按照边界线的正方向顺序排列。由于夹杂和基体界面公用节点，为了保证界面节点编号的一致性，需要将夹杂子域的节点沿其边界线的负方向顺序排列。

如果不考虑体力，则对基体子域列出边界积分方程如下：

$$c_{\alpha\beta}(p)u_\beta(p)=\int_{\Gamma_0+\sum\Gamma_{\text{Inclusion}}}U^*_{\alpha\beta}(p,q)T^0_\beta(q)\mathrm{d}\Gamma(q)-\int_{\Gamma_0+\sum\Gamma_{\text{Inclusion}}}T^*_{\alpha\beta}(p,q)u^0_\beta(q)\mathrm{d}\Gamma(q) \tag{5-1}$$

其中，$\Gamma_{\text{Inclusion}}=\sum\Gamma_{H_i}+\sum\Gamma_{S_j}+\sum\Gamma_{F_k}$。对边界进行插值离散以后，得到以下形式的代数方程组：

$$\boldsymbol{A}^0\boldsymbol{x}^0=\boldsymbol{B}^0\boldsymbol{y}^0 \tag{5-2}$$

其中，系数矩阵 $\boldsymbol{A}^0$ 可用分块形式表示如下：

$$\boldsymbol{A}^0=\begin{bmatrix}
\boldsymbol{A}_{11}^{00} & \boldsymbol{A}_{12}^{00} & \boldsymbol{A}_{13}^{01} & \cdots & \boldsymbol{A}_{13}^{0l} & \cdots & \boldsymbol{A}_{13}^{0,l+m} & \cdots & \boldsymbol{A}_{13}^{0,l+m+n}\\
\boldsymbol{A}_{21}^{00} & \boldsymbol{A}_{22}^{00} & \boldsymbol{A}_{23}^{01} & \cdots & \boldsymbol{A}_{23}^{0l} & \cdots & \boldsymbol{A}_{23}^{0,l+m} & \cdots & \boldsymbol{A}_{23}^{0,l+m+n}\\
\boldsymbol{A}_{31}^{10} & \boldsymbol{A}_{32}^{10} & \boldsymbol{A}_{33}^{11} & \cdots & \boldsymbol{A}_{33}^{1l} & \cdots & \boldsymbol{A}_{33}^{1,l+m} & \cdots & \boldsymbol{A}_{33}^{1,l+m+n}\\
\vdots & \vdots & \vdots & & \vdots & & \vdots & & \vdots\\
\boldsymbol{A}_{31}^{l0} & \boldsymbol{A}_{32}^{l0} & \boldsymbol{A}_{33}^{l1} & \cdots & \boldsymbol{A}_{33}^{ll} & \cdots & \boldsymbol{A}_{33}^{l,l+m} & \cdots & \boldsymbol{A}_{33}^{l,l+m+n}\\
\vdots & \vdots & \vdots & & \vdots & & \vdots & & \vdots\\
\boldsymbol{A}_{31}^{l+m,0} & \boldsymbol{A}_{32}^{l+m,0} & \boldsymbol{A}_{33}^{l+m,1} & \cdots & \boldsymbol{A}_{33}^{l+m,l} & \cdots & \boldsymbol{A}_{33}^{l+m,l+m} & \cdots & \boldsymbol{A}_{33}^{l+m,l+m+n}\\
\vdots & \vdots & \vdots & & \vdots & & \vdots & & \vdots\\
\boldsymbol{A}_{31}^{l+m+n,0} & \boldsymbol{A}_{32}^{l+m+n,0} & \boldsymbol{A}_{33}^{l+m+n,1} & \cdots & \boldsymbol{A}_{33}^{l+m+n,l} & \cdots & \boldsymbol{A}_{33}^{l+m+n,l+m} & \cdots & \boldsymbol{A}_{33}^{l+m+n,l+m+n}
\end{bmatrix} \tag{5-3}$$

式(5－3)中，分块矩阵下标的含义为：第 1 和第 2 下标分别表示源点 p 和场点 q 所在的边界线的类型，其中下标“1”表示该段边界给定了面力边界条件，“2”表示该边界段给定了位移边界条件，“3”表示该边界为基体与夹杂的交界面；第 1 上标和第 2 上标分别表示源点和场点分别在第几个夹杂界的面上，其中“0”代表基体的外边界。

式(5－2)中，$\boldsymbol{x}^0$ 是待求的未知向量，它的元素包含外边界的未知位移 $\boldsymbol{U}^0$ 和未知面力 $\boldsymbol{T}^0$，以及各夹杂界面的未知位移 $\boldsymbol{U}^j(j=1,2,\cdots,l+m+n)$。

$$\boldsymbol{x}^0=[\boldsymbol{U}^0\quad \boldsymbol{T}^0\quad \boldsymbol{U}^1\quad \cdots\quad \boldsymbol{U}^l\quad \cdots\quad \boldsymbol{U}^{l+m}\quad \cdots\quad \boldsymbol{U}^{l+m+n}]^{\mathrm{T}} \tag{5-4}$$

式(5－2)的等号右边，矩阵 $\boldsymbol{B}^0$ 的形式和 $\boldsymbol{A}^0$ 类似，$\boldsymbol{B}^0$ 中元素上下标的含义也与 $\boldsymbol{A}^0$ 元素上下标的含义相同。

$$\boldsymbol{B}^0=\begin{bmatrix} \boldsymbol{B}_{11}^{00} & \boldsymbol{B}_{12}^{00} & \boldsymbol{B}_{13}^{01} & \cdots & \boldsymbol{B}_{13}^{0l} & \cdots & \boldsymbol{B}_{13}^{0,l+m} & \cdots & \boldsymbol{B}_{13}^{0,l+m+n} \\ \boldsymbol{B}_{21}^{00} & \boldsymbol{B}_{22}^{00} & \boldsymbol{B}_{23}^{01} & \cdots & \boldsymbol{B}_{23}^{0l} & \cdots & \boldsymbol{B}_{23}^{0,l+m} & \cdots & \boldsymbol{B}_{23}^{0,l+m+n} \\ \boldsymbol{B}_{31}^{10} & \boldsymbol{B}_{32}^{10} & \boldsymbol{B}_{33}^{11} & \cdots & \boldsymbol{B}_{33}^{1l} & \cdots & \boldsymbol{B}_{33}^{1,l+m} & \cdots & \boldsymbol{B}_{33}^{1,l+m+n} \\ \vdots & \vdots & \vdots & & \vdots & & \vdots & & \vdots \\ \boldsymbol{B}_{31}^{l0} & \boldsymbol{B}_{32}^{l0} & \boldsymbol{B}_{33}^{l1} & \cdots & \boldsymbol{B}_{33}^{ll} & \cdots & \boldsymbol{B}_{33}^{l,l+m} & \cdots & \boldsymbol{B}_{33}^{l,l+m+n} \\ \vdots & \vdots & \vdots & & \vdots & & \vdots & & \vdots \\ \boldsymbol{B}_{31}^{l+m,0} & \boldsymbol{B}_{32}^{l+m,0} & \boldsymbol{B}_{33}^{l+m,1} & \cdots & \boldsymbol{B}_{33}^{l+m,l} & \cdots & \boldsymbol{B}_{33}^{l+m,l+m} & \cdots & \boldsymbol{B}_{33}^{l+m,l+m+n} \\ \vdots & \vdots & \vdots & & \vdots & & \vdots & & \vdots \\ \boldsymbol{B}_{31}^{l+m+n,0} & \boldsymbol{B}_{32}^{l+m+n,0} & \boldsymbol{B}_{33}^{l+m+n,1} & \cdots & \boldsymbol{B}_{33}^{l+m+n,l} & \cdots & \boldsymbol{B}_{33}^{l+m+n,l+m} & \cdots & \boldsymbol{B}_{33}^{l+m+n,l+m+n} \end{bmatrix} \tag{5-5}$$

式(5-2)中，向量$\boldsymbol{y}^0$的元素既包含基体外边界的已知面力向量$\bar{\boldsymbol{T}}^0$和已知位移向量$\bar{\boldsymbol{U}}^0$，又包含基体与各个夹杂界面上位于基体一侧的未知的面力向量$\boldsymbol{T}^{0j}(j=1,2,\cdots,l+m+n)$。

$$\boldsymbol{y}^0=\begin{bmatrix}\bar{\boldsymbol{T}}^0 & \bar{\boldsymbol{U}}^0 & \boldsymbol{T}^{01} & \cdots & \boldsymbol{T}^{0l} & \cdots & \boldsymbol{T}^{0,l+m} & \cdots & \boldsymbol{T}^{0,l+m+n}\end{bmatrix}^{\mathrm{T}} \tag{5-6}$$

对于方程式(5-2)，由于各夹杂界面的位移和面力都是未知量，未知量的个数大于方程数，因此该方程尚不能定解。我们知道，夹杂界面位移和面力两者之间并不是相互独立的，只要找到各夹杂界面上位移与面力的函数关系式，就可作为式(5-2)的补充定解条件，使问题得到解决。

对于孔隙子域，由于其内部没有物质存在，所以孔隙边界为自由边界，变形规律受基体域的边界积分方程式(5-1)控制，因此孔隙子域没有相应的边界积分方程。

对于弹性夹杂区域，可列出边界积分方程如下：

$$\begin{aligned} c_{\alpha\beta}(p)u_\beta(p)=&\int_{\Gamma s_j}U_{\alpha\beta}^*(p,q)T_\beta^j(q)\mathrm{d}\Gamma(q)-\\ &\int_{\Gamma s_j}T_{\alpha\beta}^*(p,q)u_\beta^j(q)\mathrm{d}\Gamma(q)\end{aligned} \tag{5-7}$$

在弹性夹杂的边界上划分边界单元，并进行插值离散以后，可得到以下形式的代数方程组：

$$\boldsymbol{G}^j\boldsymbol{T}^{jj}=\boldsymbol{H}^j\boldsymbol{U}^j \quad (j=l+1,l+2,\cdots,l+m) \tag{5-8}$$

其中，$\boldsymbol{U}^j$表示第j个弹性夹杂与基体界面的未知位移矢量；$\boldsymbol{T}^{jj}$表示j个弹性夹杂与基体界面上在夹杂一侧的未知面力矢量。将弹性夹杂界面的面力用该界面位移的形式表示，并考虑到该界面上的面力平衡条件，可知

$$\boldsymbol{T}^{0j}=-\boldsymbol{T}^{jj}=-\boldsymbol{D}^j\boldsymbol{U}^j \tag{5-9}$$

$$\boldsymbol{D}^j=(\boldsymbol{G}^j)^{-1}\boldsymbol{H}^j \tag{5-10}$$

其中，$\boldsymbol{D}^j$称为弹性夹杂界面面力与界面位移之间的关联矩阵。

对于流体夹杂子域，由于流体的本构关系与弹性体的本构关系不同，不能列出相应的边界积分方程，但通过可压缩流体的线弹性本构关系可得到流体夹杂和固体接触界面的面力$\boldsymbol{T}_i^{\mathrm{f}}$和位移$\boldsymbol{U}_i^{\mathrm{f}}$之间的线性关系，推导结果详见第3章式(3-58)和式(3-68)，其中式(3-59)是采用多边形近似描述流体夹杂时的流体夹杂界面面力与位移的关联矩阵，而式(3-69)是针对圆形流体夹杂界面的面力与位移的关联矩阵。

至此，无论是弹性夹杂还是流体夹杂，都可以通过夹杂材料的本构关系得到夹杂界面面力和位移的关联矩阵 $\boldsymbol{D}^j$。假设除分布位置以外，弹性夹杂的属性都一样，流体夹杂的属性也彼此相同，将式(5-9)和式(3-58)或式(3-68)代入式(5-2)中，并令 $\boldsymbol{D}^e$ 和 $\boldsymbol{D}^f$ 分别表示弹性夹杂和流体夹杂界面面力与位移的关联矩阵，合并同类项并整理后可得到下列方程：

$$\widetilde{\boldsymbol{A}}^0 \boldsymbol{x}^0 = \widetilde{\boldsymbol{B}}^0 \widetilde{\boldsymbol{y}}^0 \tag{5-11}$$

其中，$\boldsymbol{x}^0$ 与式(5-4)中形式保持不变，$\widetilde{\boldsymbol{A}}^0$ 的具体形式如下：

$$\widetilde{\boldsymbol{A}}^0 = \begin{bmatrix} \boldsymbol{A}_{11}^{00} & \boldsymbol{A}_{12}^{00} & \boldsymbol{A}_{13}^{01} & \cdots & \boldsymbol{A}_{13}^{0l} & \widetilde{\boldsymbol{A}}_{13}^{0,l+1} & \cdots & \widetilde{\boldsymbol{A}}_{13}^{0,j} & \cdots & \widetilde{\boldsymbol{A}}_{13}^{0,l+m+n} \\ \boldsymbol{A}_{21}^{00} & \boldsymbol{A}_{22}^{00} & \boldsymbol{A}_{23}^{01} & \cdots & \boldsymbol{A}_{23}^{0l} & \widetilde{\boldsymbol{A}}_{23}^{0,l+1} & \cdots & \widetilde{\boldsymbol{A}}_{23}^{0,j} & \cdots & \widetilde{\boldsymbol{A}}_{23}^{0,l+m+n} \\ \boldsymbol{A}_{31}^{10} & \boldsymbol{A}_{32}^{10} & \boldsymbol{A}_{33}^{11} & \cdots & \boldsymbol{A}_{33}^{1l} & \widetilde{\boldsymbol{A}}_{33}^{1,l+1} & \cdots & \widetilde{\boldsymbol{A}}_{33}^{1,j} & \cdots & \widetilde{\boldsymbol{A}}_{33}^{1,l+m+n} \\ \vdots & \vdots & \vdots & & \vdots & \vdots & & \vdots & & \vdots \\ \boldsymbol{A}_{31}^{l0} & \boldsymbol{A}_{32}^{l0} & \boldsymbol{A}_{33}^{l1} & \cdots & \boldsymbol{A}_{33}^{ll} & \widetilde{\boldsymbol{A}}_{33}^{l,l+1} & \cdots & \widetilde{\boldsymbol{A}}_{33}^{l,j} & \cdots & \widetilde{\boldsymbol{A}}_{33}^{l,l+m+n} \\ \boldsymbol{A}_{31}^{l+1,0} & \boldsymbol{A}_{32}^{l+1,0} & \boldsymbol{A}_{33}^{l+1,1} & \cdots & \boldsymbol{A}_{33}^{l+1,l} & \widetilde{\boldsymbol{A}}_{33}^{l+1,l+1} & \cdots & \widetilde{\boldsymbol{A}}_{33}^{l+1,j} & \cdots & \widetilde{\boldsymbol{A}}_{33}^{l+1,l+m+n} \\ \vdots & \vdots & \vdots & & \vdots & \vdots & & \vdots & & \vdots \\ \boldsymbol{A}_{31}^{l+j,0} & \boldsymbol{A}_{32}^{l+j,0} & \boldsymbol{A}_{33}^{l+j,1} & \cdots & \boldsymbol{A}_{33}^{l+j,l} & \widetilde{\boldsymbol{A}}_{33}^{l+j,l+1} & \cdots & \widetilde{\boldsymbol{A}}_{33}^{l+j,j} & \cdots & \widetilde{\boldsymbol{A}}_{33}^{l+j,l+m+n} \\ \vdots & \vdots & \vdots & & \vdots & \vdots & & \vdots & & \vdots \\ \boldsymbol{A}_{31}^{l+m+n,0} & \boldsymbol{A}_{32}^{l+m+n,0} & \boldsymbol{A}_{33}^{l+m+n,1} & \cdots & \boldsymbol{A}_{33}^{l+m+n,l} & \widetilde{\boldsymbol{A}}_{33}^{l+m+n,l+1} & \cdots & \widetilde{\boldsymbol{A}}_{33}^{l+m+n,j} & \cdots & \widetilde{\boldsymbol{A}}_{33}^{l+m+n,l+m+n} \end{bmatrix} \tag{5-12}$$

其中

$$\left.\begin{aligned} \widetilde{\boldsymbol{A}}_{13}^{0,j} &= \begin{cases} \boldsymbol{A}_{13}^{0,j} + \boldsymbol{B}_{13}^{0,j} \boldsymbol{D}^e (l+1 <= j <= l+m) \\ \boldsymbol{A}_{13}^{0,j} + \boldsymbol{B}_{13}^{0,j} \boldsymbol{D}^f (l+m+1 <= j <= l+m+n) \end{cases} \\ \widetilde{\boldsymbol{A}}_{23}^{0,j} &= \begin{cases} \boldsymbol{A}_{23}^{0,j} + \boldsymbol{B}_{23}^{0,j} \boldsymbol{D}^e (l+1 <= j <= l+m) \\ \boldsymbol{A}_{23}^{0,j} + \boldsymbol{B}_{23}^{0,j} \boldsymbol{D}^f (l+m+1 <= j <= l+m+n) \end{cases} \\ \widetilde{\boldsymbol{A}}_{33}^{i,j} &= \begin{cases} \boldsymbol{A}_{33}^{i,j} + \boldsymbol{B}_{33}^{i,j} \boldsymbol{D}^e (l+1 <= j <= l+m) \\ \boldsymbol{A}_{33}^{i,j} + \boldsymbol{B}_{33}^{i,j} \boldsymbol{D}^f (l+m+1 <= j <= l+m+n) \end{cases} \end{aligned}\right\} \tag{5-13}$$

$\widetilde{\boldsymbol{B}}^0$ 的形式如下：

$$\widetilde{\boldsymbol{B}}^0 = \begin{bmatrix} \boldsymbol{B}_{11}^{00} & \boldsymbol{B}_{12}^{00} & \boldsymbol{B}_{13}^{01} & \cdots & \boldsymbol{B}_{13}^{0j} & \cdots & \boldsymbol{B}_{13}^{0l} \\ \boldsymbol{B}_{21}^{00} & \boldsymbol{B}_{22}^{00} & \boldsymbol{B}_{23}^{01} & \cdots & \boldsymbol{B}_{23}^{0j} & \cdots & \boldsymbol{B}_{23}^{0l} \\ \boldsymbol{B}_{31}^{10} & \boldsymbol{B}_{32}^{10} & \boldsymbol{B}_{33}^{11} & \cdots & \boldsymbol{B}_{33}^{1j} & \cdots & \boldsymbol{B}_{33}^{1l} \\ \vdots & \vdots & \vdots & & \vdots & & \vdots \\ \boldsymbol{B}_{31}^{l0} & \boldsymbol{B}_{32}^{l0} & \boldsymbol{B}_{33}^{l1} & \cdots & \boldsymbol{B}_{33}^{lj} & \cdots & \boldsymbol{B}_{33}^{ll} \\ \vdots & \vdots & \vdots & & \vdots & & \vdots \\ \boldsymbol{B}_{31}^{l+m,0} & \boldsymbol{B}_{32}^{l+m,0} & \boldsymbol{B}_{33}^{l+m,1} & \cdots & \boldsymbol{B}_{33}^{l+m,j} & \cdots & \boldsymbol{B}_{33}^{l+m,l} \\ \boldsymbol{B}_{31}^{l+m+1,0} & \boldsymbol{B}_{32}^{l+m+1,0} & \boldsymbol{B}_{33}^{l+m+1,1} & \cdots & \boldsymbol{B}_{33}^{l+m+1,j} & \cdots & \boldsymbol{B}_{33}^{l+m+1,l} \\ \vdots & \vdots & \vdots & & \vdots & & \vdots \\ \boldsymbol{B}_{31}^{l+m+n,0} & \boldsymbol{B}_{32}^{l+m+n,0} & \boldsymbol{B}_{33}^{l+m+n,1} & \cdots & \boldsymbol{B}_{33}^{l+m+n,j} & \cdots & \boldsymbol{B}_{33}^{l+m+n,l} \end{bmatrix} \tag{5-14}$$

$\tilde{\boldsymbol{y}}^0$ 的具体形式如下：

$$\tilde{\boldsymbol{y}}^0 = \begin{bmatrix} \bar{\boldsymbol{T}}^0 & \bar{\boldsymbol{U}}^0 & \boldsymbol{T}^{01} & \cdots & \boldsymbol{T}^{0j} & \cdots & \boldsymbol{T}^{0l} \end{bmatrix}^{\mathrm{T}} \tag{5-15}$$

通过式(5－11)～式(5－15)的推导，将原问题代数方程组式(5－2)的未知数个数减少到和方程数目一样，使多夹杂问题变成了多连通域的定解问题。求解问题的关键在于如何寻找夹杂界面的面力与位移之间关联矩阵 $\boldsymbol{D}^j$，只要每一个夹杂界面的关联矩阵都找到了，问题就迎刃而解了。

观察 $\boldsymbol{D}^j$ 的表达式(3－59)、式(3－69)和式(5－10)，可以看出：$\boldsymbol{D}^j$ 不仅与夹杂的大小、形状有关，还与它的材质属性有关，但与分布位置无关。

对于弹性夹杂，关联矩阵与夹杂的大小、形状以及材料常数有关，如果夹杂的大小、形状和材料都一样，而只是分布位置不一样，则关联矩阵完全一样，如果夹杂的大小和形状相同，但材料不同，则可以用相似子域法[102]求解。

对于流体夹杂，关联矩阵与流体的可压缩率、流体的形状以及大小有关，如果流体可压缩率相同，并且流体夹杂的大小和形状也相同，则各夹杂的关联矩阵完全相同，如果形状相似、流体可压缩率相同，只是大小不一样，则关联矩阵和夹杂面积的开二次方成反比，特别地，如果都是圆形流体夹杂，且流体可压缩率一样，只是圆形的大小不同，则关联矩阵的大小和圆形夹杂的半径成反比。

对于刚性夹杂，处理方法可以参照弹性夹杂，令其弹性模量趋近于无穷大，则可以近似表征刚性夹杂。

对于孔隙夹杂，可以不加任何处理地将夹杂边界当作自由边界，也可以参照弹性夹杂的处理方法，令其弹性模量等于零即可。

由此可知，无论是什么类型的夹杂，都可以根据它们的实际受力情况，找出夹杂和固体界面上节点位移和面力之间的函数关系，利用这些函数关系并联合问题的边界条件，可将混合夹杂问题转化为复连通域的定解问题，从而建立含孔隙、流体、弹性体和刚体等混合夹杂问题的边界元统一求解方法。

5.2　弹性夹杂平面问题的数值模拟

5.2.1　算法验证

在 3.5.2 节中已经给出了含单个流体夹杂平面问题的算例，本小节将给出含单个圆形弹性夹杂平面问题的算例，以验证本书关于含弹性夹杂平面问题相关程序的正确性。如图 5.2 所示，厚度为 1 cm、边长 $l=1\ 000$ cm 的方板，中心含一个半径为 $r_0=0.5$ cm 的弹性夹杂，板的左右两边受均匀压力 $q=10^6$ N/m 的作用，板的弹性模量和泊松比分别为 E_1 和 ν_1，夹杂的弹性模量和泊松比分别为 $E_0=kE_1$ 和 ν_0，其中 k 为比例系数。为了限制板的刚体位移，约束结构左、右两端边界中点的竖直方向位移和上端边界中点的水平位移。

由于夹杂的尺寸远小于方板的尺寸，所以可近似认为是无限大方板中含有一个圆形的弹性夹杂，文献[105]给出了平面应变情况下，夹杂界面径向位移和径向应力的解析解：

$$\left.\begin{aligned} u_r &= \frac{qr}{8G_0}[\beta_0(\kappa_0-1)+2\delta_0\cos 2\theta] \\ \sigma_{rr} &= \frac{q}{2}(\beta_0+\delta_0\cos 2\theta) \end{aligned}\right\} \tag{5-16}$$

$$\left.\begin{aligned} \beta_0 &= \frac{2(1-\nu^2)E_0}{(1+\nu)E_0+(1+\nu_0)(1-2\nu_0)E_1} \\ \delta_0 &= \frac{4(1-\nu^2)E_0}{(1+\nu_0)E_1+(3-4\nu)(1+\nu)E_0} \\ \kappa_0 &= \begin{cases} 3-4\nu_0 & \text{平面应变} \\ (3-\nu_0)/(1+\nu_0) & \text{平面应力} \end{cases} \end{aligned}\right\} \tag{5-17}$$

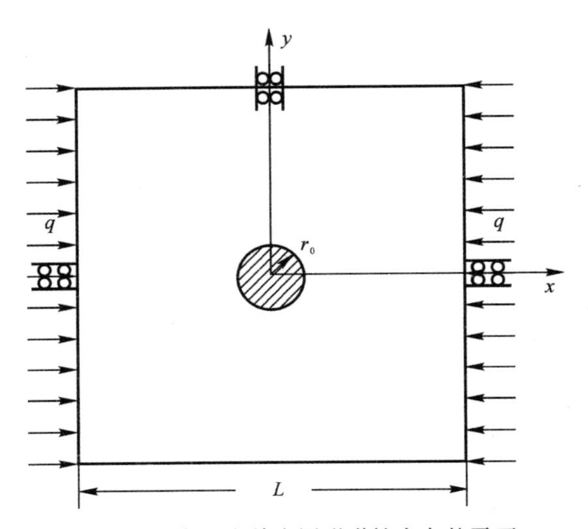

图 5.2　中心含单个圆形弹性夹杂的平面

在进行数值求解时，比例系数 $k=1.2$，方板的四条边界各均匀划分 40 个线性直线型单元，夹杂边界均匀划分 48 个线性圆弧单元。图 5.3 和图 5.4 给出了平面应变状态下，弹性夹杂界面径向位移和径向应力随弧长的分布，弧长沿顺时针走向为正，起点弧度为 $\pi/2$。

当夹杂的弹性模量比基体的模量大很多，即 $E_0 \gg E_1$ 时，可将夹杂视为刚性夹杂。如果图 5.2 中的夹杂为刚性夹杂，文献[105] 给出了夹杂界面的径向位移、切向位移、径向应力以及切向应力的解为

$$\left.\begin{aligned} u_r &= u_\theta = 0 \\ \sigma_{rr} &= (1-\nu)q\left(1+\frac{2}{3-4\nu}\cos 2\theta\right) \\ \sigma_{r\theta} &= -\frac{2(1-\nu)}{3-4\nu}q\sin 2\theta \end{aligned}\right\} \tag{5-18}$$

图 5.5 和图 5.6 给出了刚性夹杂界面径向应力和切向应力随弧长的分布规律，弧长沿顺时针走向为正，起点弧度为 $\pi/2$，在该算例中取 $E_0=10^6E_1$，单元划分与上例相同。

从图 5.3 ~ 图 5.6 可以看出，当夹杂界面采用较少的圆弧单元时，数值模拟的结果与相应的解析解也能吻合得非常好，这说明本书的算法是合理的，程序也是正确的，同时也反映出边

界元法无论是计算位移还是计算应力，精度都非常高。

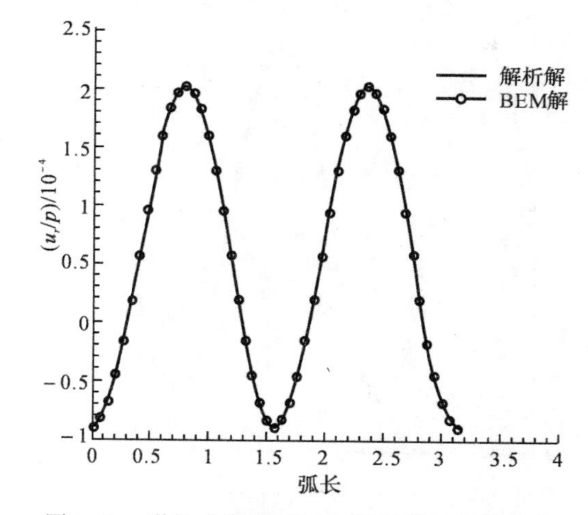

图 5.3　弹性夹杂界面径向位移沿弧长的分布

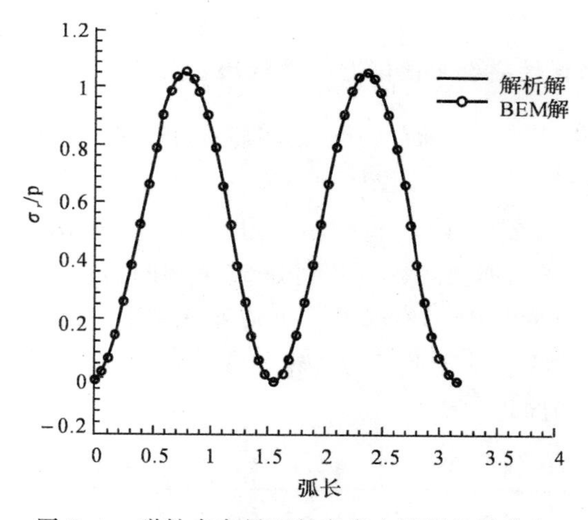

图 5.4　弹性夹杂界面径向应力沿弧长的分布

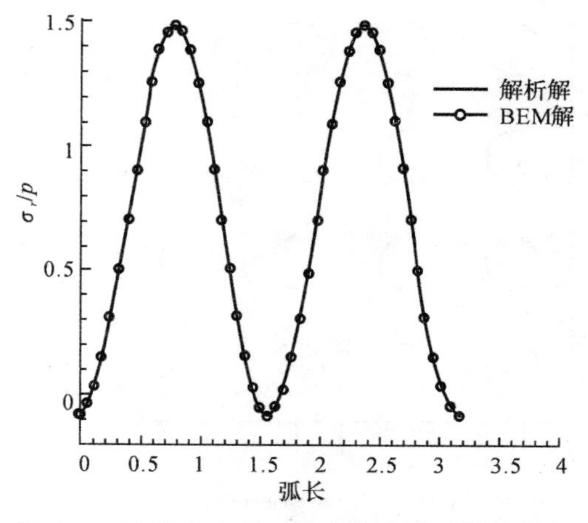

图 5.5　刚性夹杂界面径向应力沿弧长的分布

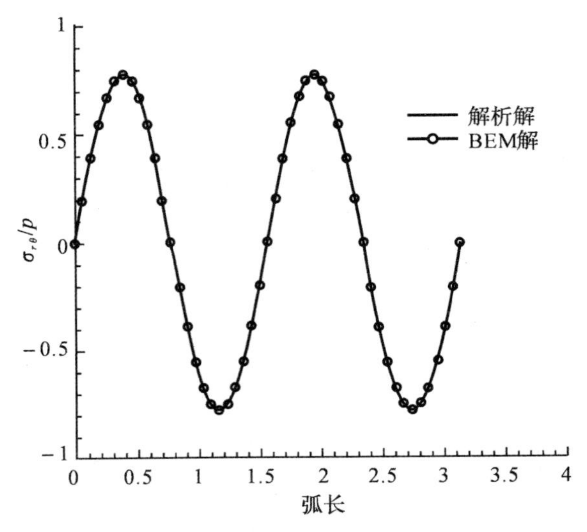

图 5.6　刚性夹杂界面切向应力沿弧长的分布

5.2.2　含多个圆形弹性夹杂平面问题的算例展示

如图5.7所示，厚度为1 cm、边长 $l=100$ cm的方板内部均匀分布25个半径为 $r_0=5.0$ cm的弹性夹杂，板的四条边分别承受单位位移载荷 $u=1$ cm 的作用。

平面的弹性模量和泊松比分别为 $E_1=2$ GPa 和 $\nu_1=0.3$，夹杂的弹性模量和泊松比分别为 $E_0=1.2E_1$ 和 $\nu_0=\nu_1$。在板的四条边界上各划分50个相同的直线型线性单元，而在每个夹杂的边界上各均匀划分48个二次圆弧单元，在平面应变状态下进行求解。图5.8给出了方板变形后各边界的变形情况，虚线表示变形后的边界，可以看出平面以及所含的弹性夹杂在单位拉伸位移载荷的作用下，向四周均匀膨胀。

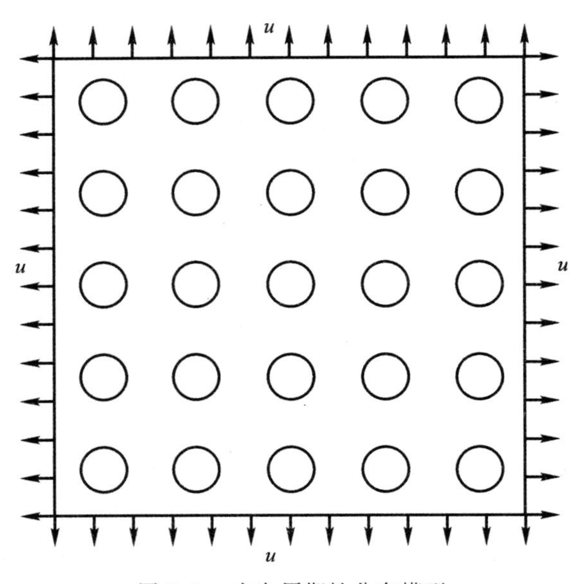

图 5.7　夹杂周期性分布模型

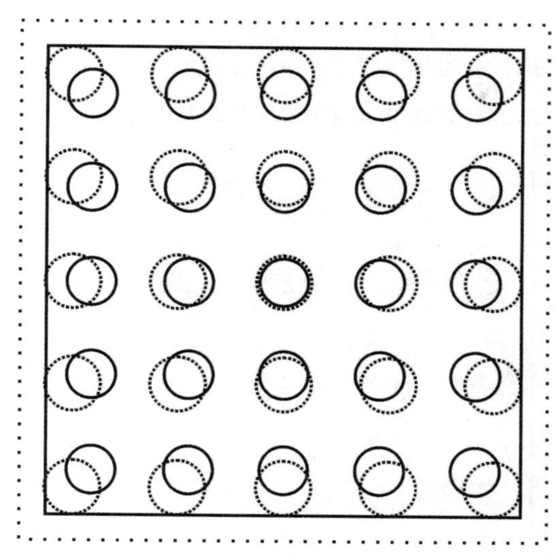

图 5.8　变形对照图

图 5.9 为所有边界上的面力分布规律图。其中,平面的外边界法向面力为 7.96×10^7 N/m,夹杂边界上的法向面力为 8.28×10^7 N/m,外边界沿逆时针方向为正方向,法线正向指向背离材料方向,孔隙边界沿顺时针方向为正,法线的正向指向孔隙圆心,以下算例中关于外边界法线正向的规定与此相同。

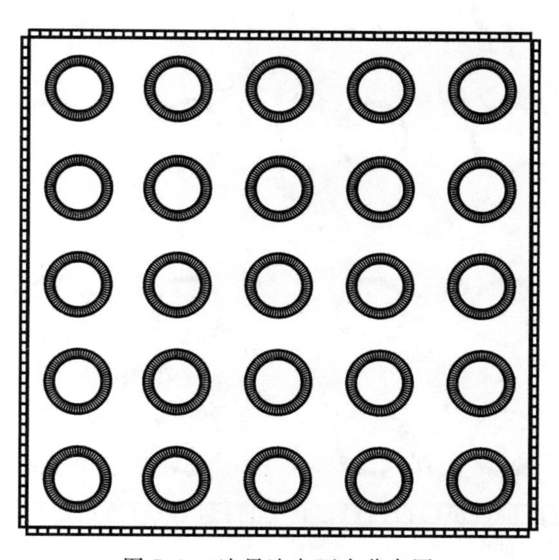

图 5.9　边界法向面力分布图

图 5.10 为所有边界沿边线切向的正应力分布图,其中平面的外边界切向正应力为 7.96×10^7 N/m。

因为平面的四条边的边界条件可看作周期性位移对称边界条件,所以各个夹杂的受力状态是一样的,从图 5.10 中分别截取左上、右上、右下和左下角的四个夹杂,局部放大以后列于图 5.11 中。从局部放大图可以看出,每个夹杂边界上沿切线的正应力分布规律是相同的,这也说明计算结果是合理的。由此可见,利用边界元法求解时,只要采用足够多的单元,即可在夹杂边界上得到很精确的切向应力值。

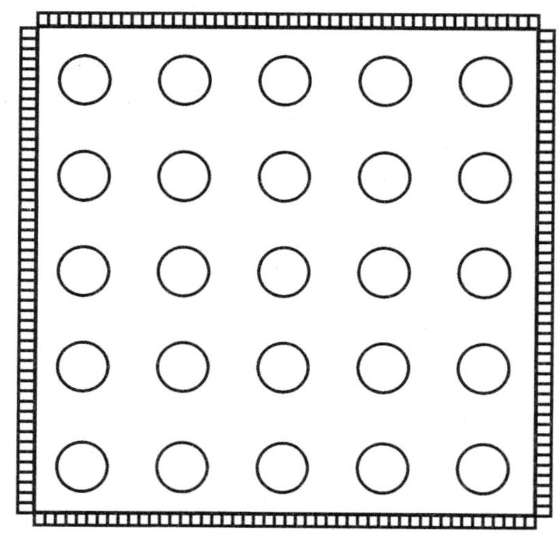

图 5.10　边界切向正应力分布图

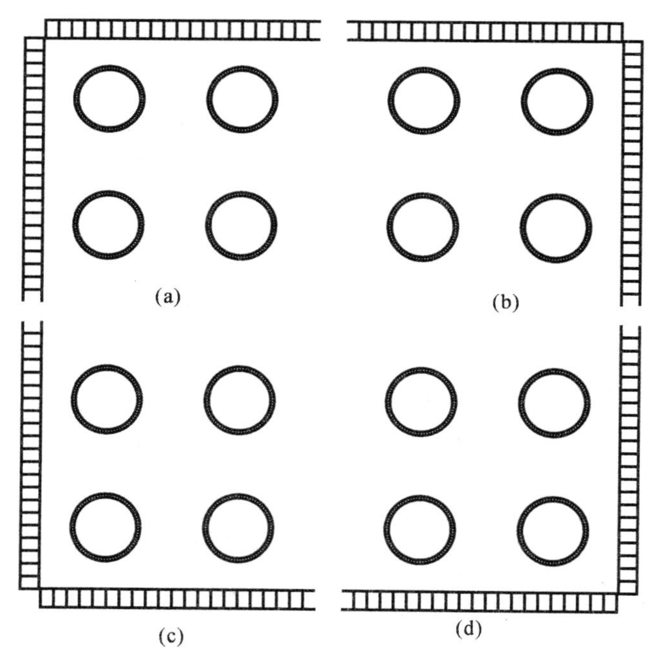

图 5.11　边界切向正应力分布局部放大图

(a) 左上角;(b) 右上角;(c) 左下角;(d) 右下角

5.2.3　多夹杂材料等效弹性性质的数值模拟

本小节仍然采用类似于第 3 章图 3.13 的计算模型,边长为 10 cm 的方板中含有 100 个随机分布的圆形弹性夹杂,板的弹性模量和泊松比分别为 E_0 和 ν_0,夹杂的弹性模量和泊松比分

别为 $E_1=kE_0$ 和 ν_1。用边界元法进行数值求解时，方板的四条边界各均匀划分 50 个直线型线性单元，每个夹杂的边界各均匀划分 20 个二次圆弧单元。当 $k=1$，$\nu_1=\nu_0=0.3$ 时，表 5.1 列出了在不同孔隙率下，等效弹性模量与基体模量的比值 $\bar{E}/E_0$ 以及等效泊松比 $\bar{\nu}$。可以看出，无论是弹性模量还是泊松比，在夹杂和基体的材质属性相同时，计算结果显示材料的整体宏观属性仍然和基体相同，这说明该算法和本书的程序都是正确的、有效的。

表 5.1　不同孔隙率下的等效弹性模量和泊松比

孔隙率	$\bar{E}/E_0$	$\bar{\nu}$
0.05	1.000 03	0.299 238
0.1	1.000 05	0.299 140
0.15	1.000 08	0.299 876
0.2	1.000 82	0.299 915
0.25	1.000 88	0.299 922
0.3	1.000 98	0.299 587

当 k 取不同值，而 $\nu_1=\nu_0=0.3$ 时，图 5.12 给出了夹杂与基体的体积模量比取不同值时材料等效弹性模量随孔隙率的变化曲线。其中，K_s，K_f 和 K_0 分别表示弹性夹杂、流体夹杂和基体的体积模量。

从图 5.12 可以看出，如果是弹性夹杂，当 $K_s/K_0>1$ 时，材料的等效弹性模量随着孔隙率的增大而增大，整体上大于基体的弹性模量 E_0；当 $K_s/K_0=1$ 时，等效弹性模量刚好等于 E_0；当 $K_s/K_0<1$ 时，等效弹性模量随着孔隙率的增大而减小，整体上小于 E_0。如果是流体夹杂，即便是 $K_f\to\infty$（流体不可压缩）时，等效弹性模量仍然小于同孔隙率下含弹性夹杂时相应的值，随着 K_f 的减小，等效弹性模量会变得更小，直至减小到极限情况含孔隙夹杂时的值。

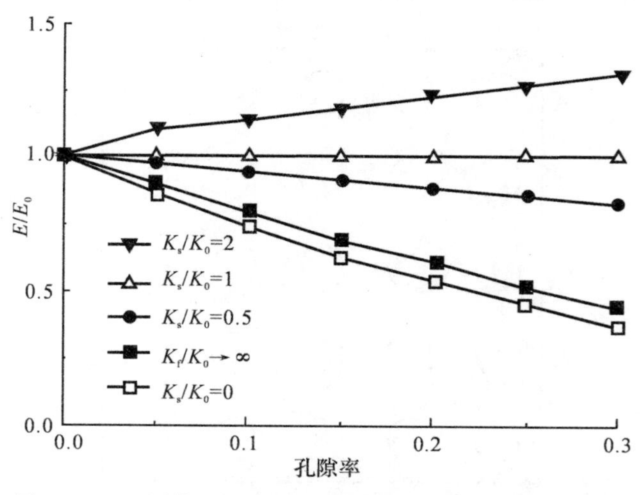

图 5.12　不同体积模量比下等效弹性模量随孔隙率的变化

图 5.13 给出了在同一孔隙率下，材料等效弹性模量随夹杂与基体体积模量比 K_{in}/K_0 的变化曲线。

从图中可以看出，随着 K_{in}/K_0 的增大，含固体夹杂时材料的等效模量增加的幅度较大，但含流体夹杂材料的等效模量增加的幅度较小，而当 $K_{in}/K_0>10$ 时，等效弹性模量趋于流体夹杂不可压缩时相应的等效模量值。

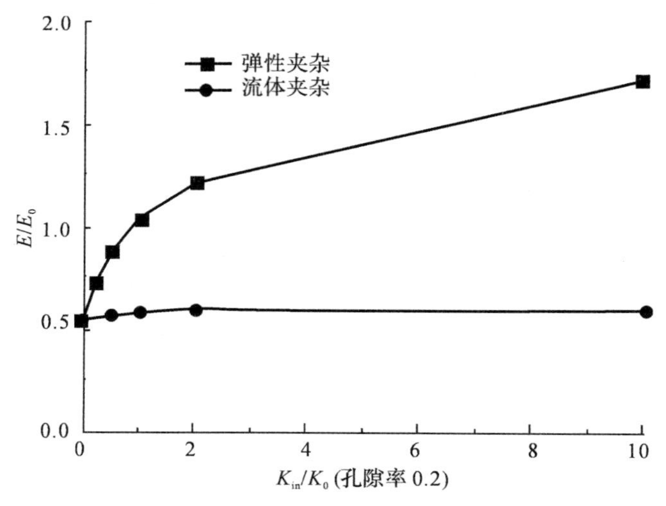

图 5.13 给定孔隙率下等效弹性模量随体积模量比的变化

5.3 含多种类型夹杂问题的算例展示

采用如图 5.7 所示的模型，靠近基体左、右两边各 5 个夹杂为弹性夹杂，中间的 5 个为流体夹杂，其余的 10 个为孔隙夹杂。流体夹杂的可压缩率 $\kappa=0$，基体和弹性夹杂的材料常数以及单元划分均与图 5.7 的算例相同。当在外边界施加单位拉伸载荷时，图 5.14～图 5.16 分别给出了变形图、法向面力以及沿边界线切向正应力的分布规律图。

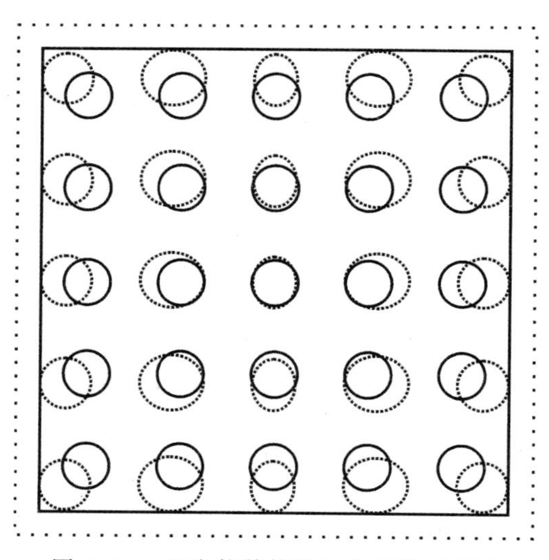

图 5.14 双向拉伸情况下的变形对照图

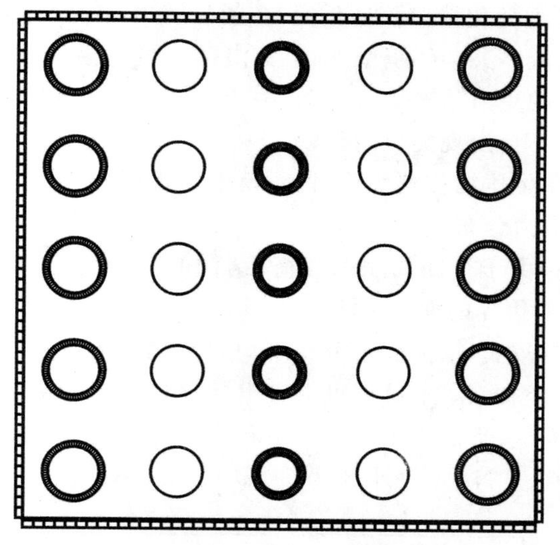

图 5.15　双向拉伸情况下的边界法向面力分布图

图 5.16　双向拉伸情况下的边界切向正应力分布图

从图 5.14 可以看出：在单位拉伸位移载荷作用下，结构的外边界向四周均匀膨胀，最大位移为施加与结构的拉伸位移。由图 5.15 可以看出：结构左、右边界的面力是均匀的，其大小为 6.16×10^7 N/m，而由于受孔隙和流体夹杂的影响较大，上、下两条边的法向面力分布不均匀，其最大值为 7.26×10^7 N/m，最小值为 4.40×10^7 N/m。由图 5.16 可以看出：结构左右边界的切向正应力是均匀的，大小为 7.03×10^7 N/m，而上、下两边由于受孔隙和流体夹杂影响较大，沿边界的切向正应力分布不均匀，其最大值为 1.05×10^8 N/m，最小值为 4.46×10^7 N/m。

另外，从图 5.15 和图 5.16 中可以明显分清楚夹杂的属性，因为结构的边界条件依然是周期性位移边界条件，因此对于同一类夹杂，其边界的法向面力和切向正应力分布规律依然是相同的。需要说明的是，外边界的拉伸载荷必然会使流体夹杂的体积增大，那么按照第 2 章式

(2－15)所求出的流体压力变化量应该是负值，在图5.15中也能观察到。事实上，由于流体本身不能承受拉伸载荷，当流体夹杂体积增加时，其内部有可能会出现自由液面，也可能出现流体气化等相变现象，此时的受力状态比较复杂，关于流体夹杂部分的计算结果可能与物理事实不符，但施加压缩载荷时不会出现类似的问题。

当在基体边界施加单位压缩位移载荷时，图5.17～图5.19分别给出了变形图、法向面力以及沿边界线切向的正应力分布图。

由图5.17可以看出，由于受四周压缩载荷，结构的变形情况和图5.14刚好相反。由图5.18可以看出：结构左、右边界的面力是均匀的，其大小为-6.16×10^7 N/m，而上、下两边由于受孔隙和流体夹杂影响较大，法向面力分布不均匀，其最大值为-7.26×10^7 N/m，最小值为-4.40×10^7 N/m。与之类似，由图5.19可以看出：结构左、右边界的切向正应力是均匀的，大小为-7.03×10^7 N/m，而上、下两边由于受孔隙和流体夹杂的影响较大，切向正应力分布不均匀，其最大值为-1.05×10^8 N/m，最小值为-4.46×10^7 N/m。

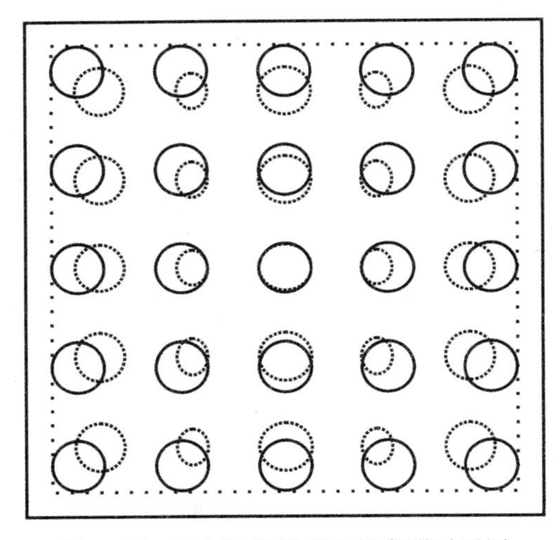

图5.17　双向压缩情况下的变形对照图

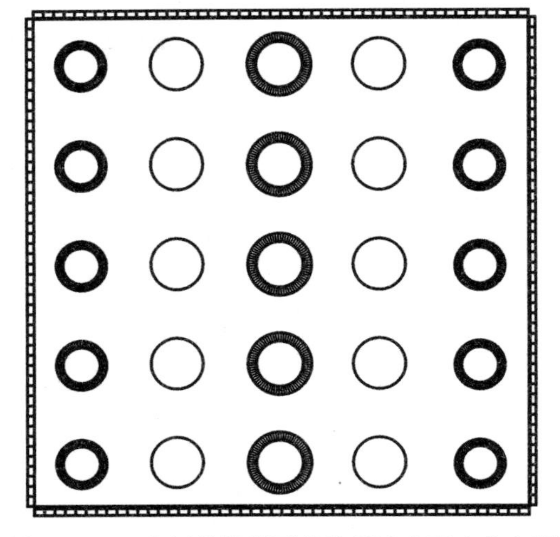

图5.18　双向压缩情况下的边界法向面力分布图

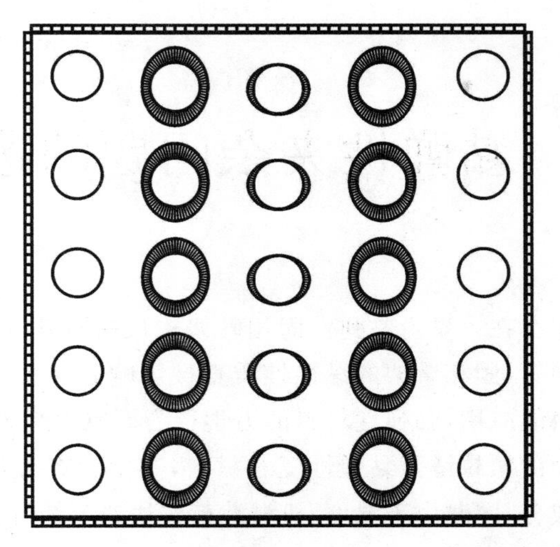

图 5.19　双向压缩情况下的边界切向正应力分布图

5.4　本章小结

本章回顾了用边界元法分别求解含孔隙、流体夹杂和弹性夹杂等单一类型夹杂问题的求解策略，在此基础上建立了用边界元方法求解同时含有各种类型夹杂的平面问题的统一求解方法。事实上，无论是哪种夹杂，其界面上位移和面力都不是相互独立的，只要找出界面位移和面力之间的函数关系式，然后将这些关系式作为除边界条件以外，求解边界积分方程的补充定解条件，使夹杂问题转化为复连通域的定解问题，从而使整个问题得到顺利求解。最后通过含多个类型夹杂的平面问题的数值算例，展示了该方法的有效性。算例表明，通过边界元法不仅可以模拟含夹杂材料(复合材料)的等效力学性质，而且花费相对较少的计算代价，就可以求出比较精确的界面位移和应力，充分地发挥了该算法的优越性。

第 6 章　黏弹性夹杂问题的边界元法

自然界和工程实际中存在大量由黏弹性固相骨架构成的多孔介质，如塑料、聚合体泡沫、混凝土和骨骼等生物组织等，固相骨架的黏性性质直接影响着多孔介质的力学行为。随着高分子材料和各种复合材料的应用，黏弹性材料的力学行为研究引起了人们的极大兴趣。例如：固体推进剂就是一种典型的颗粒增强黏弹性复合材料，其中含有大量的高氯酸氨（AP）颗粒、铝粉以及增塑剂等附加成分，同时由于温度、机械载荷作用或工艺等原因不可避免地会存在一些空穴、气泡等缺陷，因此固体推进剂也是一种多夹杂材料。固体推进剂中的颗粒可看成弹性夹杂，黏结剂是黏弹性材料，由于不同类型的夹杂都可用第 5 章介绍的方法处理，因此本章重点介绍求解黏弹性时域问题的边界元法。

黏弹性问题通常可用弹性-黏弹性对应原理转换为准静态弹性问题求解，但根据对应原理将黏弹性材料转换成一系列的弹性材料，需要求解不同材料参数的弹性解，因此边界元离散方程的系数矩阵将不断变化，每次都要求解新的方程组，这势必造成计算量的成倍增加。此外，弹性-黏弹性对应原理对于非同质材料瞬态温度分布问题以及边界条件是时间的复杂函数的情况并不适用[106-107]。基于此，本章采用 Prony 级数描述黏弹性材料的本构关系，并将黏弹性应力效应以初应力的形式作为方程的右端项，进而给出时间域内黏弹性边界元积分方程以及应力求解的迭代公式，使得边界元方程系数矩阵在求解过程中始终保持不变，并采用数值迭代方法进行求解，可同时计算出域内和边界不同位置的应力和应变值。

6.1　黏弹性本构方程

黏弹性材料具有随时间和温度变化的蠕变、松弛等典型黏弹性力学行为，因此需要黏弹性材本构方程进行描述。首先回顾一下各向同性线性热弹性材料的本构关系[97]：

$$\sigma_{ij} = 2G\varepsilon_{ij} + \lambda\varepsilon_{kk}\delta_{ij} - 3KT\alpha\delta_{ij} \tag{6-1}$$

$$T(t) = \theta(t) - \theta_0 \tag{6-2}$$

以上两式中，G 表示剪切模量；$K = E/3(1-2\nu)$ 表示体积模量；$\lambda = K - 2G/3$ 表示拉梅系数；δ_{ij} 是克罗内克记号；α 是线膨胀系数；θ_0 和 $\theta(t)$ 分别表示初始温度和 t 时刻的温度。根据弹性力学与黏弹性力学的相似性[108] 以及波兹曼叠加原理[109]，可得线性热黏弹性本构方程的 Stieltjes 积分形式：

$$\sigma_{ij}(t)=\int_{-\infty}^{t}2G(\xi-\xi')\frac{\partial\varepsilon_{ij}(t')}{\partial t'}\mathrm{d}t'+$$
$$\delta_{ij}\int_{-\infty}^{t}\left[K(\xi-\xi')-\frac{2}{3}G(\xi-\xi')\right]\frac{\partial\varepsilon_{kk}(t')}{\partial t'}\mathrm{d}t' \tag{6-3}$$
$$-3\alpha\delta_{ij}\int_{-\infty}^{t}K(\xi-\xi')\frac{\partial T(t')}{\partial t'}\mathrm{d}t'$$

其中，ξ 和 ξ' 分别表示受温度影响的减缩时间，当材料不受温度影响时，$\xi=t$，$\xi'=t'$。若温度是连续变化的，则有

$$\xi=\int_{0}^{t}\frac{\mathrm{d}t'}{a_T[T(x,t')]} \tag{6-4}$$

其中，a_T 称为移位因子，其大小可由实验确定。如果某种材料具有如下特性：在不同温度下的 $\lg E(t)-\lg(t)$ 曲线上，通过移动适当的距离 $\lg a_T$ 后，可重合为参考温度 T_0 下的曲线，则该特性称为“热流变简单性”。黏弹性材料一般是温度敏感材料，大都满足热流变特性。一般非晶体高聚物在玻璃化参考温度 $T_g\pm50$℃ 温度范围内，移位因子可用下式计算：

$$\lg a_T(T)=\frac{-C_1(T-T_0)}{C_2+(T-T_0)} \tag{6-5}$$

其中，T_0 为参考温度；C_1 和 C_2 是材料常数，可由实验确定。

当 $t\leqslant0$ 时，假设物体为应力应变自由状态，即 $\sigma_{ij}(0)=0$，$\varepsilon_{ij}(0)=0$，将式(6-3)从 $t_0=0$ 开始积分，可得

$$\sigma_{ij}(t)=\int_{0}^{t}2G(\xi-\xi')\frac{\partial\varepsilon_{ij}(t')}{\partial t'}\mathrm{d}t'+$$
$$\delta_{ij}\int_{0}^{t}\left[K(\xi-\xi')-\frac{2}{3}G(\xi-\xi')\right]\frac{\partial\varepsilon_{kk}(t')}{\partial t'}\mathrm{d}t'- \tag{6-6}$$
$$3\alpha\delta_{ij}\int_{0}^{t}K(\xi-\xi')\frac{\partial\theta(t')}{\partial t'}\mathrm{d}t'$$

运用分部积分，将式(6-4)代入式(6-6)中，并考虑 $\varepsilon_{ij}(0)=0$ 和 $T(0)=0$，则式(6-6)中等号右边的第一项变为

$$\int_{0}^{t}2G(\xi-\xi')\frac{\partial\varepsilon_{ij}(t')}{\partial t'}\mathrm{d}t'=$$
$$2\left[G(\xi-\xi')\varepsilon_{ij}(t')\right]\Big|_{0}^{t}-2\int_{0}^{t}\varepsilon_{ij}(t')\frac{\partial G(\xi-\xi')}{\partial t'}\mathrm{d}t'=$$
$$2\left[G(0)\varepsilon_{ij}(t)-G\left(\frac{t}{a_T}\right)\varepsilon_{ij}(0)\right]-2\int_{0}^{t}\varepsilon_{ij}(t')\frac{\partial G(\xi-\xi')}{\partial t'}\mathrm{d}t'=$$
$$2G(0)\varepsilon_{ij}(t)-2\int_{0}^{t}\varepsilon_{ij}(t')\frac{\partial G(\xi-\xi')}{\partial t'}\mathrm{d}t' \tag{6-7}$$

同理第二项变为

$$\delta_{ij}\int_0^t\left[K(\xi-\xi')-\frac{2}{3}G(\xi-\xi')\right]\frac{\partial\varepsilon_{kk}(t')}{\partial t'}\mathrm{d}t'=$$

$$\delta_{ij}\left[K(\xi-\xi')-\frac{2}{3}G(\xi-\xi')\right]\varepsilon_{kk}(t')\Big|_0^t-$$

$$\delta_{ij}\int_0^t\varepsilon_{kk}(t')\frac{\partial[K(\xi-\xi')-\frac{2}{3}G(\xi-\xi')]}{\partial t'}\mathrm{d}t'=$$

$$\delta_{ij}[K(0)-\frac{2}{3}G(0)]\varepsilon_{kk}(t)-\delta_{ij}\left[K\left(\frac{t}{a_T}\right)-\frac{2}{3}G\left(\frac{t}{a_T}\right)\right]\varepsilon_{kk}(0)-$$

$$\delta_{ij}\int_0^t\varepsilon_{kk}(t')\frac{\partial\left[K(\xi-\xi')-\frac{2}{3}G(\xi-\xi')\right]}{\partial t'}\mathrm{d}t'=$$

$$\delta_{ij}\left[K(0)-\frac{2}{3}G(0)\right]\varepsilon_{kk}(t)-$$

$$\delta_{ij}\int_0^t\varepsilon_{kk}(t')\frac{\partial\left[K(\xi-\xi')-\frac{2}{3}G(\xi-\xi')\right]}{\partial t'}\mathrm{d}t' \tag{6-8}$$

第三项变为

$$3\alpha\delta_{ij}\int_0^t K(\xi-\xi')\frac{\partial T(t')}{\partial t'}\mathrm{d}t'=$$

$$3\alpha\delta_{ij}\left[K(0)T(t)-K\left(\frac{t}{a_T}\right)T(0)\right]-$$

$$3\alpha\delta_{ij}\int_0^t T(t')\frac{\partial K(\xi-\xi')}{\partial t'}\mathrm{d}t'=$$

$$3\alpha\delta_{ij}K(0)T(t)-3\alpha\delta_{ij}\int_0^t T(t')\frac{\partial K(\xi-\xi')}{\partial t'}\mathrm{d}t' \tag{6-9}$$

因此，式(6－6)则变为

$$\sigma_{ij}(t)=2G(0)\varepsilon_{ij}(t)-2\int_0^t\varepsilon_{ij}(t')\frac{\partial G(\xi-\xi')}{\partial t'}\mathrm{d}t'+$$

$$\delta_{ij}\left[K(0)-\frac{2}{3}G(0)\right]\varepsilon_{kk}(t)-$$

$$\delta_{ij}\int_0^t\varepsilon_{kk}(t')\frac{\partial\left[K(\xi-\xi')-\frac{2}{3}G(\xi-\xi')\right]}{\partial t'}\mathrm{d}t'-$$

$$3\alpha\delta_{ij}K(0)T(t)+3\alpha\delta_{ij}\int_0^t T(t')\frac{\partial K(\xi-\xi')}{\partial t'}\mathrm{d}t' \tag{6-10}$$

令

$$\sigma_{ij}^e=2G(0)\varepsilon_{ij}(t)+\delta_{ij}\left[K(0)-\frac{2}{3}G(0)\right]\varepsilon_{kk}(t) \tag{6-11a}$$

$$\sigma_{ij}^{m} = -2\int_0^t \varepsilon_{ij}(t') \frac{\partial G(\xi-\xi')}{\partial t'} dt' - \delta_{ij}\int_0^t \varepsilon_{kk}(t') \frac{\partial K(\xi-\xi')}{\partial t'} dt' + \delta_{ij}\frac{2}{3}\int_0^t \varepsilon_{kk}(t') \frac{\partial G(\xi-\xi')}{\partial t'} dt' \tag{6-11b}$$

$$\sigma_{ij}^{T} = -3\alpha\delta_{ij}K(0)T(t) + 3\alpha\delta_{ij}\int_0^t T(t')\frac{\partial K(\xi-\xi')}{\partial t'} dt' \tag{6-11c}$$

则有

$$\sigma_{ij}(t) = \sigma_{ij}^{e} + \sigma_{ij}^{m} + \sigma_{ij}^{T} \tag{6-12}$$

从式(6-11)可以看出，σ_{ij}^{e} 取决于初始模量和当前应变，与加载历史无关，可称之为弹性应力；σ_{ij}^{m} 不仅与当前应变相关，还与模量和应变的变化历史相关，可称之为黏弹性记忆应力；σ_{ij}^{T} 为热载荷对应的记忆应力。为了数值计算的方便，考虑到应力应变的对称性，可将应力、应变和温度用矢量表示，则式(6-10)可写成矩阵形式如下：

$$\sigma(t) = \boldsymbol{D}_1\varepsilon + \boldsymbol{D}_2\int_0^t \frac{\partial G(\xi-\xi')}{\partial t'}\varepsilon(t')dt' + \boldsymbol{D}_3\int_0^t \frac{\partial K(\xi-\xi')}{\partial t'}\varepsilon(t')dt' - 3K(0)\alpha\bar{\theta} + \boldsymbol{D}_4\bar{\theta} \tag{6-13}$$

其中

$$\left.\begin{aligned}
\boldsymbol{\sigma}(t) &= [\sigma_x(t)\quad \sigma_y(t)\quad \sigma_z(t)\quad \sigma_{xy}(t)\quad \sigma_{yz}(t)\quad \sigma_{zx}(t)]^{\mathrm{T}}\\
\boldsymbol{\varepsilon}(t) &= [\varepsilon_x(t)\quad \varepsilon_y(t)\quad \varepsilon_z(t)\quad \varepsilon_{xy}(t)\quad \varepsilon_{yz}(t)\quad \varepsilon_{zx}(t)]^{\mathrm{T}}\\
\bar{\boldsymbol{\theta}}(t) &= [T(t)\quad T(t)\quad T(t)\quad 0\quad 0\quad 0]^{\mathrm{T}}
\end{aligned}\right\} \tag{6-14}$$

$$\boldsymbol{D}_1 = \begin{bmatrix}
K(0)+\frac{4}{3}G(0) & K(0)-\frac{2}{3}G(0) & K(0)-\frac{2}{3}G(0) & 0 & 0 & 0\\
K(0)-\frac{2}{3}G(0) & K(0)+\frac{4}{3}G(0) & K(0)-\frac{2}{3}G(0) & 0 & 0 & 0\\
K(0)-\frac{2}{3}G(0) & K(0)-\frac{2}{3}G(0) & K(0)+\frac{4}{3}G(0) & 0 & 0 & 0\\
0 & 0 & 0 & 2G(0) & 0 & 0\\
0 & 0 & 0 & 0 & 2G(0) & 0\\
0 & 0 & 0 & 0 & 0 & 2G(0)
\end{bmatrix} \tag{6-15a}$$

$$\boldsymbol{D}_2=\begin{bmatrix}-\frac{4}{3} & \frac{2}{3} & \frac{2}{3} & 0 & 0 & 0\\ \frac{2}{3} & -\frac{4}{3} & \frac{2}{3} & 0 & 0 & 0\\ \frac{2}{3} & \frac{2}{3} & -\frac{4}{3} & 0 & 0 & 0\\ 0 & 0 & 0 & -2 & 0 & 0\\ 0 & 0 & 0 & 0 & -2 & 0\\ 0 & 0 & 0 & 0 & 0 & -2\end{bmatrix} \tag{6-15b}$$

$$\boldsymbol{D}_3=\begin{bmatrix}-1 & -1 & -1 & 0 & 0 & 0\\ -1 & -1 & -1 & 0 & 0 & 0\\ -1 & -1 & -1 & 0 & 0 & 0\\ 0 & 0 & 0 & 0 & 0 & 0\\ 0 & 0 & 0 & 0 & 0 & 0\\ 0 & 0 & 0 & 0 & 0 & 0\end{bmatrix} \tag{6-15c}$$

$$\boldsymbol{D}_4=3\alpha\int_0^t \frac{\partial K(\xi-\xi')}{\partial t'}\mathrm{d}t' \tag{6-15d}$$

由式(6-10)、式(6-12)和式(6-13)可知

$$\boldsymbol{\sigma}^e=\boldsymbol{D}_1\varepsilon \tag{6-16a}$$

$$\boldsymbol{\sigma}^m=\boldsymbol{D}_2\int_0^t \frac{\partial G(\xi-\xi')}{\partial t'}\varepsilon\,\mathrm{d}t'+\boldsymbol{D}_3\int_0^t \frac{\partial K(\xi-\xi')}{\partial t'}\varepsilon\,\mathrm{d}t' \tag{6-16b}$$

$$\boldsymbol{\sigma}^{\mathrm{T}}=-3K(0)\alpha\bar{\theta}+\boldsymbol{D}_4\bar{\theta} \tag{6-16c}$$

对于平面问题,则式(6-14)和式(6-15)则变为

$$\left.\begin{aligned}\boldsymbol{\sigma}(t)&=[\sigma_x(t)\quad \sigma_y(t)\quad \sigma_{xy}(t)]^{\mathrm{T}}\\ \boldsymbol{\varepsilon}(t)&=[\varepsilon_x(t)\quad \varepsilon_y(t)\quad \varepsilon_{xy}(t)]^{\mathrm{T}}\\ \bar{\boldsymbol{\theta}}(t)&=[T(t)\quad T(t)\quad 0]^{T}\end{aligned}\right\} \tag{6-14'}$$

$$\boldsymbol{D}_1=\begin{bmatrix}K(0)+\frac{4}{3}G(0) & K(0)-\frac{2}{3}G(0) & 0\\ K(0)-\frac{2}{3}G(0) & K(0)+\frac{4}{3}G(0) & 0\\ 0 & 0 & 2G(0)\end{bmatrix} \tag{6-15a'}$$

$$\boldsymbol{D}_2=\begin{bmatrix}-\frac{4}{3} & \frac{2}{3} & 0\\ \frac{2}{3} & -\frac{4}{3} & 0\\ 0 & 0 & -2\end{bmatrix} \tag{6-15b'}$$

$$\boldsymbol{D}_3=\begin{bmatrix}-1 & -1 & 0\\ -1 & -1 & 0\\ 0 & 0 & 0\end{bmatrix} \tag{6-15c'}$$

6.2 黏弹性时域问题的边界元求解方法

6.2.1 黏弹性问题的边界积分方程

线黏弹性本构关系可由式(6-11)和式(6-12)表示。除此之外,线黏弹性力学边值问题的基本方程与线弹性力学的基本方程相同,如下所示:

平衡方程

$$\sigma_{ij,j}+f_i=0 \tag{6-17a}$$

几何方程

$$\varepsilon_{ij}=\frac{1}{2}(u_{i,j}+u_{j,i}) \tag{6-17b}$$

静力边界条件

$$T_i=\sigma_{ij}n_j=\vec{T}_i \quad (\Gamma_t) \tag{6-17c}$$

位移边界条件

$$u_i=\bar{u}_i \quad (\Gamma_u) \tag{6-17d}$$

假设平面问题(见图3.2)的基本解为 $u_{li}^*(P,Q)$,它表示在 P 点 l 方向作用单位力引起 Q 点 i 方向的位移,则基本解满足下列方程:

$$\sigma_{lij,j}^*(u_{li}^*)+\Delta(\vec{OQ}-\vec{OP})\delta_{li}=0 \tag{6-18}$$

其中,δ_{li} 克罗内克记号;$\Delta(\vec{OQ}-\vec{OP})$ 是狄拉克函数,相关符号表达式如下:

$$\delta_{li}=\begin{cases}1 & (l=i)\\ 0 & (l\neq i)\end{cases} \tag{6-19a}$$

$$\Delta(\vec{OQ}-\vec{OP})=\begin{cases}0 & (\vec{OQ}-\vec{OP}\neq 0)\\ \infty & (\vec{OQ}-\vec{OP}=0)\end{cases} \tag{6-19b}$$

$$\sigma_{lij}^*(u_{li}^*)=G(u_{li,j}^*+u_{lj,i}^*)+\frac{\nu E}{(1+\nu)(1-2\nu)}u_{lk,k}^*\delta_{ij} \tag{6-19c}$$

$$\sigma_{lij,j}^*(u_{li}^*)=G\,(u_{li,j}^*+u_{lj,i}^*)_{,j}+\frac{\nu E}{(1+\nu)(1-2\nu)}u_{lk,kj}^*\delta_{ij} \tag{6-19d}$$

用基本解 u_{li}^* 作为权函数,对平衡方程式(6-17a)进行积分可得

$$\int_\Omega(\sigma_{ij,j}+f_i)u_{li}^*\,\mathrm{d}\Omega=\int_\Omega\sigma_{ij,j}u_{li}^*\,\mathrm{d}\Omega+\int_\Omega f_iu_{li}^*\,\mathrm{d}\Omega \tag{6-20}$$

将式(6-20)等号右边第一项进行分部积分,并将式(6-12)和式(6-17c)代入可得

$$\int_{\Omega}\sigma_{ij,j}u_{li}^{*}\mathrm{d}\Omega=$$

$$\int_{\Omega}(u_{li}^{*}\sigma_{ij})_{,j}\mathrm{d}\Omega-\int_{\Omega}\sigma_{ij}u_{li,j}^{*}\mathrm{d}\Omega=$$

$$\int_{\Omega}u_{li}^{*}\sigma_{ij}n_{j}\mathrm{d}\Gamma-\int_{\Omega}\sigma_{ij}u_{li,j}^{*}\mathrm{d}\Omega=$$

$$\int_{\Gamma}u_{li}^{*}T_{i}\mathrm{d}\Gamma-\int_{\Omega}(\sigma_{ij}^{e}+\sigma_{ij}^{m}+\sigma_{ij}^{T})u_{li,j}^{*}\mathrm{d}\Omega=$$

$$\int_{\Gamma}u_{li}^{*}T_{i}\mathrm{d}\Gamma-\int_{\Omega}\sigma_{ij}^{e}u_{li,j}^{*}\mathrm{d}\Omega-\int_{\Omega}(\sigma_{ij}^{m}+\sigma_{ij}^{T})u_{li,j}^{*}\mathrm{d}\Omega \tag{6-21}$$

考虑到应力分量的对称性，可将式(6-21)中位移梯度 $u_{li,j}^{*}$ 用应变形式 $\varepsilon_{lij}^{*}=\frac{1}{2}(u_{li,j}^{*}+u_{lj,i}^{*})$ 表示，得

$$\int_{\Omega}\sigma_{ij,j}u_{li}^{*}\mathrm{d}\Omega=$$

$$\int_{\Gamma}u_{li}^{*}T_{i}\mathrm{d}\Gamma-\int_{\Omega}\sigma_{ij}^{e}\varepsilon_{lij}^{*}\mathrm{d}\Omega-\int_{\Omega}(\sigma_{ij}^{m}+\sigma_{ij}^{T})\varepsilon_{lij}^{*}\mathrm{d}\Omega \tag{6-22}$$

根据 Betti 互等定理，式(6-22)等号右边第二项可表示为

$$\int_{\Omega}\sigma_{ij}^{e}\varepsilon_{lij}^{*}\mathrm{d}\Omega=\int_{\Omega}\sigma_{lij}^{*}\varepsilon_{ij}^{e}\mathrm{d}\Omega \tag{6-23}$$

其中，σ_{lij}^{*} 是用基本解 u_{li}^{*} 表示的应力，如式(6-19c)所示。将式(6-23)代入式(6-22)，然后再代入式(6-20)可得

$$\int_{\Omega}(\sigma_{ij,j}+f_{i})u_{li}^{*}\mathrm{d}\Omega=$$

$$\int_{\Gamma}u_{li}^{*}T_{i}\mathrm{d}\Gamma-\int_{\Omega}\sigma_{lij}^{*}\varepsilon_{ij}^{e}\mathrm{d}\Omega-$$

$$\int_{\Omega}(\sigma_{ij}^{m}+\sigma_{ij}^{T})\varepsilon_{lij}^{*}\mathrm{d}\Omega+\int_{\Omega}f_{i}u_{li}^{*}\mathrm{d}\Omega=0 \tag{6-24}$$

考虑到应力和应变张量的对称性并用分部积分，对式(6-24)中的第二项进行变换，可得

$$\int_{\Omega}\sigma_{lij}^{*}\varepsilon_{ij}^{e}\mathrm{d}\Omega=\int_{\Omega}\sigma_{lij}^{*}u_{i,j}\mathrm{d}\Omega=$$

$$\int_{\Omega}\sigma_{lij}^{*}u_{i}n_{j}\mathrm{d}\Omega-\int_{\Omega}\sigma_{lij,j}^{*}u_{i}\mathrm{d}\Omega \tag{6-25}$$

将式(6-25)代入式(6-24)可得

$$\int_{\Omega}(\sigma_{ij,j}+f_{i})u_{li}^{*}\mathrm{d}\Omega=\int_{\Gamma}u_{li}^{*}T_{i}\mathrm{d}\Gamma-\int_{\Gamma}\sigma_{lij}^{*}n_{j}u_{i}\mathrm{d}\Gamma+$$

$$\int_{\Omega}\sigma_{lij,j}^{*}u_{i}\mathrm{d}\Omega-\int_{\Omega}(\sigma_{ij}^{m}+\sigma_{ij}^{T})\varepsilon_{lij}^{*}\mathrm{d}\Omega+\int_{\Omega}f_{i}u_{li}^{*}\mathrm{d}\Omega=0 \tag{6-26}$$

根据式(6-18)，则式(6-26)等号右边第三项的积分等于

$$\int_{\Omega}\sigma_{lij,j}^{*}u_{i}\mathrm{d}\Omega=\int_{\Omega}-\Delta(\overrightarrow{OQ}-\overrightarrow{OP})\delta_{li}u_{i}\mathrm{d}\Omega=-u_{l} \tag{6-27}$$

将式(6-27)代入式(6-26)，从而考虑体力和热应力的黏弹性问题的苏米梁诺等式[110]如下：

$$\begin{aligned}u_l(P)=&\int_\Gamma u_{li}^*(P,q)T_i(q)\mathrm{d}\Gamma-\\&\int_\Gamma T_{li}^*(P,0q)u_i(q)\mathrm{d}\Gamma+\int_\Omega u_{li}^*(P,Q)f_i(Q)\mathrm{d}\Omega-\\&\int_\Omega \varepsilon_{lij}^*(P,Q)[\sigma_{ij}^m(Q)+\sigma_{ij}^T(Q)]\mathrm{d}\Omega\end{aligned}\tag{6-28}$$

其中，u_{li}^* 和 T_{li}^* 分别表示基本解及其对应的表面力[平面应变问题见式(3-23)]，$\varepsilon_{lij}^*(P,Q)$ 是基本解对应的应变分量，如下所示：

$$\varepsilon_{lij}^*(P,Q)=\frac{1}{2}(u_{lj,i}^*+u_{li,j}^*)\tag{6-29}$$

对于平面应变问题，有

$$\begin{aligned}\varepsilon_{lij}^*(P,Q)=&-\frac{1}{8\pi G(1-\nu)r}[-\delta_{ij}r_{,l}+\\&(1-2\nu)(\delta_{li}r_{,j}+\delta_{jl}r_{,i})+2r_{,i}r_{,j}r_{,l}]\end{aligned}\tag{6-30}$$

其中

$$\left.\begin{aligned}&r=|\vec{OQ}(\xi_1,\xi_2)-\vec{OP}(x_1,x_2)|=\sqrt{(\xi_1-x_1)^2+(\xi_2-x_2)^2}\\&r_{,j}=\frac{\partial r}{\partial\xi_j}=\frac{\xi_j-x_j}{r}\\&\frac{\partial r}{\partial x_j}=\frac{x_j-\xi_j}{r}=-r_{,j}\end{aligned}\right\}\tag{6-31}$$

式(6-28)对区域内任一点都适用，当 P 点位于边界上时，基本解产生奇异性，即积分 $\int_\Gamma T_{lk}^*(P,q)u_k(q)\mathrm{d}\Gamma$ 产生奇异，一般情况下，将式(6-31)进行奇异积分处理可得

$$\begin{aligned}c_{lk}(p)\,u_k(p)=&\int_\Gamma u_{lk}^*(p,q)T_k(q)\mathrm{d}\Gamma(q)-\\&\int_\Gamma T_{lk}^*(p,q)u_k(q)\mathrm{d}\Gamma(q)+\int_\Omega u_{lk}^*(p,Q)f_k(Q)\mathrm{d}\Omega(Q)-\\&\int_\Omega \varepsilon_{lij}^*(p,Q)[\sigma_{ij}^m(Q)+\sigma_{ij}^T(Q)]\mathrm{d}\Omega(Q)\end{aligned}\tag{6-32}$$

式(6-32)即为热黏弹性问题的边界积分方程，其中，对于光滑边界，有 $c_{lk}=\delta_{lk}/2$。假设将边界离散为 M 个单元，每个单元 $L(L>1)$ 个节点，则令 p 点位于各个不同的边界节点，则对式(6-32)进行数值积分后可形成关于节点未知量的代数方程组，即

$$[\boldsymbol{H}]_{2M\times2M(L-1)}\{\boldsymbol{u}\}_{2M(L-1)}=[\boldsymbol{G}]_{2M\times2M(L-1)}\{\boldsymbol{T}\}_{2M(L-1)}+\{\boldsymbol{F}\}_{2M}\tag{6-33}$$

其中

$$\left.\begin{aligned}&\{\boldsymbol{F}\}_{2M}=[F_1\quad F_2\quad\cdots\quad F_K\quad\cdots\quad F_{2M}]^{\mathrm{T}}\\&F_K=\int_\Omega u_{lk}^*(p,Q)f_k(Q)\mathrm{d}\Omega-\int_\Omega\varepsilon_{lij}^*(p,Q)[\sigma_{ij}^m(Q)+\sigma_{ij}^T(Q)]\mathrm{d}\Omega\end{aligned}\right\}\tag{6-34}$$

将方程式(6-33)中的未知量移到方程左边，已知量移到右边，可得

$$[\boldsymbol{A}]_{2M\times2M(L-1)}\{\boldsymbol{x}\}_{2M(L-1)}=[\boldsymbol{A}_0]_{2M}+\{\boldsymbol{F}\}_{2M}\tag{6-35}$$

其中，$\boldsymbol{A}_0$ 相当于无记忆应力和热应力情况下对应的右端项，可由给定的边界条件得到，$\{\boldsymbol{F}\}$ 是

由记忆应力和热应力产生的附加右端项，当 σ_{ij}^{m} 和 σ_{ij}^{T} 已知时，便可求解式(6－33)和式(6－35)。然而，由式(6－11b)可知，σ_{ij}^{m} 既与以前的应变历史有关，又与当前的应变有关，因此可知它是不能确定的，故而需要对式(6－33)的右端项不断地进行迭代更新才能求解。当由式(6－33)求解出某个时间步的边界位移和面力时，可通过式(6－28)求得域内任意点的位移，进而求解域内任一点的位移和应变，但由式(6－28)等号右边第四项可知，它依然与上述附加项 $\{\boldsymbol{F}\}$ 有关，因此就需要不断更新 σ_{ij}^{m} 和 σ_{ij}^{T}，使迭代求解进行下去。

为简单起见，我们可先不考虑温度变化引起的温度应力，只讨论与应变相关的记忆应力的求解，由于它与应变历史相关，因此先讨论一下应变的求解。

将式(6－28)代入线弹性问题的几何方程可得

$$
\begin{aligned}
\varepsilon_{ij}(P) = & \frac{1}{2}\left(\frac{\partial u_i}{\partial x_j}+\frac{\partial u_j}{\partial x_i}\right)= \\
& \frac{1}{2}\int_{\Gamma}\left(\frac{\partial u_{ik}^{*}}{\partial x_j}+\frac{\partial u_{jk}^{*}}{\partial x_i}\right)T_k\,\mathrm{d}\Gamma-\frac{1}{2}\int_{\Gamma}\left(\frac{\partial T_{ik}^{*}}{\partial x_j}+\frac{\partial T_{jk}^{*}}{\partial x_i}\right)u_k\,\mathrm{d}\Gamma+ \\
& \frac{1}{2}\int_{\Omega}\left(\frac{\partial u_{ik}^{*}}{\partial x_j}+\frac{\partial u_{jk}^{*}}{\partial x_i}\right)f_k\,\mathrm{d}\Omega-\frac{1}{2}\int_{\Omega}\left(\frac{\partial \varepsilon_{ikl}^{*}}{\partial x_j}+\frac{\partial \varepsilon_{jkl}^{*}}{\partial x_i}\right)\sigma_{kl}^{m}\,\mathrm{d}\Omega= \\
& \int_{\Gamma}\varepsilon_{kij}^{*}T_k\,\mathrm{d}\Gamma-\int_{\Gamma}T_{kij}^{*}u_k\,\mathrm{d}\Gamma+\int_{\Omega}\varepsilon_{kij}^{*}f_k\,\mathrm{d}\Omega-\int_{\Omega}\varepsilon_{klij}^{*}\sigma_{kl}^{m}\,\mathrm{d}\Omega
\end{aligned}
\tag{6－36}
$$

对于平面应变问题，有

$$
\begin{aligned}
\varepsilon_{kij}^{*} = & \frac{1}{2}\left(\frac{\partial u_{ik}^{*}}{\partial x_j}+\frac{\partial u_{jk}^{*}}{\partial x_i}\right)= \\
& \frac{1}{8\pi(1-\nu)Gr}\left[(1-2\nu)(r_{,i}\delta_{kj}+r_{,j}\delta_{ki})-r_{,k}\delta_{ij}+2r_{,k}r_{,j}r_{,i}\right]
\end{aligned}
\tag{6－37a}
$$

$$
\begin{aligned}
T_{kij}^{*} = & \frac{1}{2}\left(\frac{\partial T_{ik}^{*}}{\partial x_j}+\frac{\partial T_{jk}^{*}}{\partial x_i}\right)= \\
& -\frac{1}{4\pi(1-\nu)r^2}\left\{2\frac{\partial r}{\partial n}\left[-\nu(r_{,i}\delta_{kj}+r_{,j}\delta_{ki})-\right.\right. \\
& \left.r_{,k}\delta_{ij}+4r_{,k}r_{,j}r_{,i}\right]+(1-2\nu)(\delta_{ij}-2r_{,i}r_{,j})n_k- \\
& \left.(1-2\nu)(\delta_{ki}n_j+\delta_{kj}n_i)-2\nu(r_{,i}n_j+r_{,j}n_i)r_{,k}\right\}
\end{aligned}
\tag{6－37b}
$$

$$
\begin{aligned}
\varepsilon_{klij}^{*} = & \frac{1}{2}\left(\frac{\partial \varepsilon_{ikl}^{*}}{\partial x_j}+\frac{\partial \varepsilon_{jkl}^{*}}{\partial x_i}\right)= \\
& \frac{1}{8\pi(1-\nu)Gr^2}\{(1-2\nu)(\delta_{ik}\delta_{lj}+\delta_{li}\delta_{kj})- \\
& \delta_{ij}\delta_{kl}+2[\nu(r_{,k}\delta_{li}+r_{,l}\delta_{ik})r_{,j}+\nu(r_{,k}\delta_{lj}+ \\
& r_{,l}\delta_{kj})r_{,i}+\delta_{kl}r_{,i}r_{,j}+\delta_{ij}r_{,k}r_{,l}]-8r_{,i}r_{,j}r_{,k}r_{,l}\}
\end{aligned}
\tag{6－37c}
$$

式(6－36)中等号右边最后一项 $\int_{\Omega}\varepsilon_{klij}^{*}\sigma_{ij}^{m}\,\mathrm{d}\Omega$ 存在奇异性，通常采用奇异积分处理得[110]

$$\varepsilon_{ij}(P)=\int_{\Gamma}\varepsilon_{kij}^{*}T_{k}\mathrm{d}\Gamma-\int_{\Gamma}T_{kij}^{*}u_{k}\mathrm{d}\Gamma+\int_{\Omega}\varepsilon_{kij}^{*}f_{k}\mathrm{d}\Omega-\int_{\Omega-B_{\eta}(P)}\varepsilon_{klij}^{*}\sigma_{kl}^{m}\mathrm{d}\Omega+\varepsilon_{ij}^{m}\tag{6-38}$$

$$\varepsilon_{ij}^{m}=\int_{\partial B_{\eta}(P)}\varepsilon_{ikl}^{*}\sigma_{kl}^{m}n_{j}\mathrm{d}\Gamma=-\frac{1}{16(1-\nu)G}[2(3-4\nu)\sigma_{ij}^{m}-\sigma_{kk}^{m}\delta_{ij}]\tag{6-39}$$

其中,$B_{\eta}(P)$ 表示以点为 P 圆心,η 为半径的圆;$\partial B_{\eta}(P)$ 是该圆面的边界。由式(6-38)求出应变分量后,可以按本构关系式(6-10)直接得到应力分量。

当然,应力分量也可以直接通过积分方程求得,将应变表达式(6-38)代入弹性应力表达式(6-11a)可得

$$\sigma_{ij}^{e}=\int_{\Gamma}D_{kij}T_{k}\mathrm{d}\Gamma-\int_{\Gamma}S_{kij}u_{k}\mathrm{d}\Gamma+\int_{\Omega}D_{kij}f_{k}\mathrm{d}\Omega-\int_{\Omega-B_{\eta}(P)}\sigma_{klij}^{*}\sigma_{kl}^{m}\mathrm{d}\Omega+\sigma_{ij}^{em}\tag{6-40}$$

其中,D_{kij},S_{kij},$\bar{\varepsilon}_{klij}^{*}$ 分别是与位移基本解相关的三阶张量,前三项是弹性部分的应力,第四项是柯西主值意义下的积分,它与记忆应力有关,第五项是附加应变产生的附加应力,相关公式如下:

$$D_{kij}=2G\varepsilon_{kij}^{*}+\frac{2G\nu}{1-2\nu}\delta_{ij}\varepsilon_{kll}^{*}=\frac{1}{4\pi(1-\nu)r}[(1-2\nu)(r_{,i}\delta_{kj}+r_{,j}\delta_{ki}-r_{,k}\delta_{ij})+2r_{,i}r_{,j}r_{,k}]\tag{6-41a}$$

$$\begin{aligned}S_{kij}=&2G\overline{T}_{kij}^{*}+\frac{2G\nu}{1-2\nu}\delta_{ij}\overline{T}_{kll}^{*}=\\&\frac{G}{2\pi(1-\nu)r^{2}}\{2\frac{\partial r}{\partial n}[(1-2\nu)r_{,k}\delta_{ij}+\\&\nu(r_{,j}\delta_{ik}+r_{,i}\delta_{jk})-4r_{,i}r_{,j}r_{,k}]+2\nu(r_{,i}n_{j}+r_{,j}n_{i})r_{,k}+\\&(1-2\nu)(2r_{,i}r_{,j}n_{k}+\delta_{ik}n_{j}+\delta_{jk}n_{i})-(1-4\nu)\delta_{ij}n_{k}\}\end{aligned}\tag{6-41b}$$

$$\begin{aligned}\sigma_{klij}^{*}=&2G\left[\frac{1}{2}\left(\frac{\partial\varepsilon_{ikl}^{*}}{\partial x_{j}}+\frac{\partial\varepsilon_{jkl}^{*}}{\partial x_{i}}\right)\right]+\\&\frac{2G\nu}{1-2\nu}\delta_{ij}[\frac{1}{2}(\frac{\partial\varepsilon_{mkl}^{*}}{\partial x_{m}}+\frac{\partial\varepsilon_{mkl}^{*}}{\partial x_{m}})]=\\&2G\varepsilon_{klij}^{*}+\frac{2G\nu}{1-2\nu}\delta_{ij}\varepsilon_{klmm}^{*}=\\&\frac{1}{4\pi(1-\nu)r^{2}}\{(1-2\nu)[\delta_{ki}\delta_{jl}+\delta_{li}\delta_{jk}-\delta_{kl}\delta_{ij}+2\delta_{kl}r_{,i}r_{,j}]+\\&2\nu(\delta_{jk}r_{,i}r_{,l}+\delta_{li}r_{,k}r_{,j}+\delta_{ki}r_{,j}r_{,l}+\delta_{jl}r_{,i}r_{,k})+\\&2\delta_{ij}r_{,k}r_{,l}-8r_{,i}r_{,j}r_{,k}r_{,l}\}\end{aligned}\tag{6-41c}$$

$$\sigma_{ij}^{em}=2G\varepsilon_{ij}^{m}+\frac{2G\nu}{(1-2\nu)}\delta_{ij}\varepsilon_{kk}^{m}=$$

$$-\frac{1}{8(1-\nu)}[(6-8\nu)\sigma_{ij}^{m}-(1-4\nu)\delta_{ij}\sigma_{kk}^{m}] \tag{6-41d}$$

将式(6－40) 连同式(6－41a) ～ 式(6－41d) 代入式(6－12)，并考虑温度应力 σ_{ij}^{T}，则有

$$\sigma_{ij}(t)=\sigma_{ij}^{e}+\sigma_{ij}^{m}+\sigma_{ij}^{T}=$$

$$\int_{\Gamma}D_{kij}T_{k}\mathrm{d}\Gamma-\int_{\Gamma}S_{kij}u_{k}\mathrm{d}\Gamma+\int_{\Omega}D_{kij}f_{k}\mathrm{d}\Omega-$$

$$\int_{\Omega-B_{\eta}(P)}\sigma_{klij}^{*}\sigma_{kl}^{m}\mathrm{d}\Omega+\sigma_{ij}^{em}+\sigma_{ij}^{m}+\sigma_{ij}^{T} \tag{6-42}$$

其中，等号右边前三项是弹性应力部分，第四、五、六项是与黏弹性有关的记忆应力部分，最后一项是温度应力。

6.2.2　黏弹性边界积分方程的数值离散方法

由6.2.1节的讨论可知，可通过式(6－32)、式(6－38) 和式(6－42) 分别求得边界任一点的位移以及域内任意点的应变和应力，但是这3个公式中既存在边界积分又存在域内积分，边界积分可参照第3章介绍的方法进行，域内积分可参照有限元法的数值积分方法进行。

通过观察可知，上述式(6－32)、式(6－38) 和式(6－42) 中等号右边的前三项都是弹性相关的部分，所涉及的系数矩阵是常量，求解一次之后不需要再次计算。式(6－32) 中等号右边第四项是关于记忆应力 σ_{ij}^{m} 和温度应力 σ_{ij}^{T} 的积分，式(6－38) 中等号右边第四项和第五项也是关于记忆应力 σ_{ij}^{m} 的积分，而式(6－42) 中等号右边第四、五项都是关于记忆应力 σ_{ij}^{m} 的积分，第六项是记忆应力 σ_{ij}^{m} 本身，第七项是温度应力。其中记忆应力可通过式(6－11b) 求解，但式(6－11b) 中本身又存在关于应变的时间积分，也就是说记忆应力是与变形历史耦合起来的，需要不断地进行迭代求解，涉及的系数矩阵需要不断地迭代更新，求解时相对麻烦一些，而温度应力可通过式(6－11c) 求解，不涉及与应变的耦合，求解相对要简单一些。因此，本节以平面应变问题为例重点讨论上述三式中涉及记忆应力积分项的边界元数值离散方法。

由于边界元法的求解精度取决于对边界的离散精度，而域内离散只是为了计算区域积分，因此可根据需要确定域内的离散精度，一般情况下域内离散精度可低于边界的离散精度。为简单起见，求解关于记忆应力 σ_{ij}^{m} 的域内积分时可以采用常应力单元。上述式(6－32)、式(6－38) 和式(6－42) 三式中关于记忆应力 σ_{ij}^{m} 的域内积分分别为

$$\int_{\Omega}\varepsilon_{lij}^{*}\sigma_{ij}^{m}\mathrm{d}\Omega(Q)=\sum_{n=1}^{N}\sigma_{ij}^{mn}\int_{\Omega_n}\varepsilon_{lij}^{*}(p,Q)\mathrm{d}\Omega(Q) \tag{6-43a}$$

$$\int_{\Omega-B_{\eta}(P)}\varepsilon_{klij}^{*}\sigma_{kl}^{m}\mathrm{d}\Omega=\sum_{n=1}^{N}\sigma_{kl}^{mn}\int_{\Omega_n}\varepsilon_{klij}^{*}(P,Q)\mathrm{d}\Omega(Q) \tag{6-43b}$$

$$\int_{\Omega-B_{\eta}(P)}\sigma_{klij}^{*}\sigma_{kl}^{m}\mathrm{d}\Omega=\sum_{n=1}^{N}\sigma_{kl}^{mn}\int_{\Omega_n}\sigma_{klij}^{*}(P,Q)\mathrm{d}\Omega(Q) \tag{6-43c}$$

其中，N 是整个区域划分的单元数，只要域内网格划分适当，采用常应力单元也可以得到较高的精度，令 $\boldsymbol{\sigma}_{ij}^{mn}$ 表示第 n 个单元的记忆应力分量，可将第 n 个单元上的应力矢量记为

$$\boldsymbol{\sigma}_{ij}^{mn}=[\sigma_{11}^{mn}\quad\sigma_{22}^{mn}\quad\sigma_{12}^{mn}]^{\mathrm{T}} \tag{6-44}$$

则第 n 个单元记忆应力矢量式(6－44)的系数矩阵可分别为

$$\boldsymbol{d}^{n}=\begin{bmatrix} d_{111} & d_{122} & d_{112} \\ d_{211} & d_{222} & d_{212} \end{bmatrix}^{V_n} \tag{6-45a}$$

$$\boldsymbol{d}^{*n}=\begin{bmatrix} d*_{1111} & d*_{1122} & d*_{1112} \\ d*_{2211} & d*_{2222} & d*_{2212} \\ d*_{1211} & d*_{1222} & d*_{1212} \end{bmatrix}^{V_n} \tag{6-45b}$$

$$\bar{\boldsymbol{d}}^{n}=\begin{bmatrix} \bar{d}_{1111} & \bar{d}_{1122} & \bar{d}_{1112} \\ \bar{d}_{2211} & \bar{d}_{2222} & \bar{d}_{2212} \\ \bar{d}_{1211} & \bar{d}_{1222} & \bar{d}_{1212} \end{bmatrix}^{V_n} \tag{6-45c}$$

求解该应力矢量的系数矩阵时，需要分别对式(6－43)的三式分别进行数值积分，假设域内划分 N 个常应力三角形单元，当场点 Q 与源点 P 不在同一个单元时，上述积分可用二维高斯数值积分求解。对于平面问题来说，采用 3×3 阶的高斯积分即可，计算公式如下：

$$d_{lij}=\int_{\Omega_n}\varepsilon_{lij}^{*}(p,Q)\mathrm{d}\Omega(Q)=\sum_{\alpha=1}^{3}\sum_{\beta=1}^{3}\varepsilon_{lij}^{*}(p,Q_{\alpha\beta})\mid J_{\alpha\beta}\mid w_{\alpha}w_{\beta} \tag{6-46a}$$

$$d*_{klij}=\int_{\Omega_n}\varepsilon_{klij}^{*}(P,Q)\mathrm{d}\Omega(Q)=\sum_{\alpha=1}^{3}\sum_{\beta=1}^{3}\varepsilon_{klij}^{*}(P,Q_{\alpha\beta})\mid J_{\alpha\beta}\mid w_{\alpha}w_{\beta} \tag{6-46b}$$

$$\bar{d}_{ijkl}=\int_{\Omega_n}\sigma_{ijkl}^{*}(P,Q)\mathrm{d}\Omega(Q)=\sum_{\alpha=1}^{3}\sum_{\beta=1}^{3}\sigma_{ijkl}^{*}(P,Q_{\alpha\beta})\mid J_{\alpha\beta}\mid w_{\alpha}w_{\beta} \tag{6-46c}$$

其中，$Q_{\alpha\beta}$ 表示高斯积分点；$|J_{\alpha\beta}|$ 表示面积分的雅克比行列式；w_{α} 和 w_{β} 是对应的积分权函数，可以通过查表得到，这里的高斯积分方法与有限元法中等参单元的高斯积分方法相同。

当场点 Q 与源点 P 在同一个单元时，由式(6－30)、式(6－37c)和式(6－41c)可知，积分公式中将存在 $1/r$，$1/r^2$ 和 $1/r^2$ 的奇异性，因此需要进行奇异积分处理。当积分单元是四边形或其他多边形时，可令源点 P 为顶点，将奇异单元剖分成多个三角形元，如图 6－1 所示，然后在三角形单元上进行数值积分。

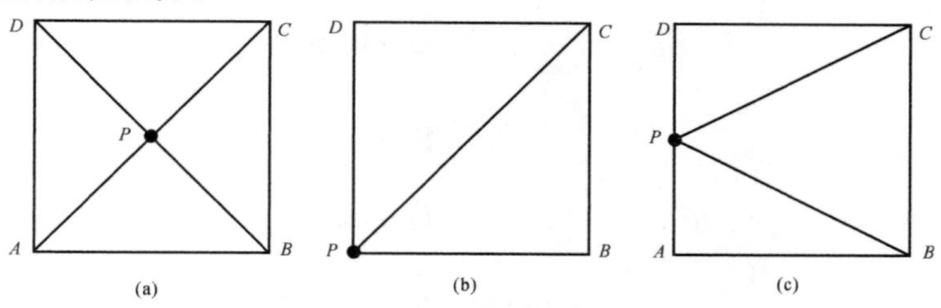

图 6－1　奇异元的网格剖分

(a) 源点在网格内部；(b) 源点在网格顶点；(c) 源点在网格边界

在三角元上，一般采用极坐标进行数值积分比较方便，如图 6－2 所示。

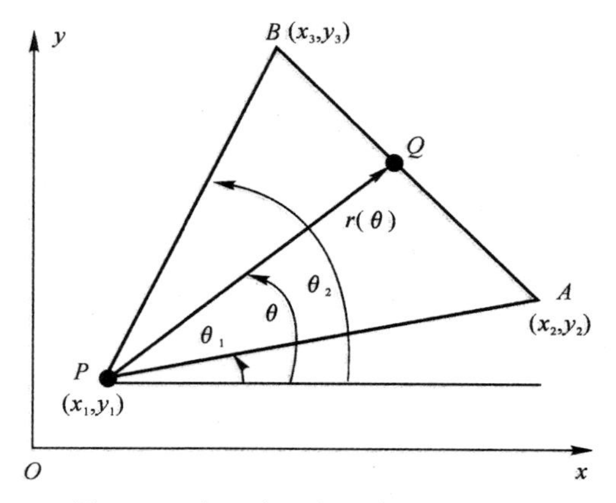

图 6－2　极坐标下的三角元奇异积分

假设三角形的面积为 S_Δ，则可根据矢量叉积进行计算

$$S_\Delta=\frac{1}{2}|(\overrightarrow{AB})\times \boldsymbol{r}|=$$

$$-\frac{1}{2}\{(x_3-x_2),(y_3-y_2)\}\times\{r\cos\theta,r\sin\theta\} \tag{6-47}$$

由式(6－47) 可得

$$r(\theta)=|\boldsymbol{r}|=\frac{2S_\Delta}{(y_3-y_2)\cos\theta-(x_3-x_2)\sin\theta} \tag{6-48}$$

由此可见，当 P,A,B 三点坐标确定时，向径 r 是角度 θ 的函数。而三角形微元的面积分在极坐标下的表达式为

$$\int \mathrm{d}\Omega=\int r\mathrm{d}r\mathrm{d}\theta \tag{6-49}$$

将其代入式(6－46) 的三个表达式中，可通过对 r 的积分消除奇异性。此时

$$d_{lij}=\int_{\Omega n}\varepsilon_{lij}^{*}(p,Q)r\mathrm{d}r\mathrm{d}\theta=$$

$$-\int_{\theta 1}^{\theta 2}\frac{1}{8\pi G(1-\nu)}[-\delta_{ij}r_{,l}+$$

$$(1-2\nu)(\delta_{li}r_{,j}+\delta_{jl}r_{,i})+2r_{,i}r_{,j}r_{,l}]r(\theta)\mathrm{d}\theta \tag{6-50a}$$

$$d_{klij}^{*}=\int_{\Omega n}\varepsilon_{klij}^{*}(P,Q)r\mathrm{d}r\mathrm{d}\theta=$$

$$\int_{\theta 1}^{\theta 2}(\varepsilon_{klij}^{*}r^2)\ln(r(\theta))\mathrm{d}\theta \tag{6-50b}$$

$$\bar{d}_{ijkl}=\int_{\Omega n}\sigma_{ijkl}^{*}(P,Q)r\mathrm{d}r\mathrm{d}\theta=$$

$$\int_{\theta 1}^{\theta 2}(\sigma_{ijkl}^{*}r^2)\ln(r(\theta))\mathrm{d}\theta \tag{6-50c}$$

依次将式(6－34) 中的 P 点取遍 M 个边界节点，则方程组式(6－33) 中的附加项即可用域内的记忆应力列阵表示，写成矩阵形式如下：

$$\boldsymbol{F} = \boldsymbol{D}_1 \boldsymbol{\sigma}^m \tag{6-51}$$

其中，$\boldsymbol{D}_1$ 是由式(6-45a) 表示的第 n 个单元上的 d^n 组成的系数矩阵；$\boldsymbol{\sigma}^m$ 是所有域内节点的记忆应力矩阵。如果将式(6-35) 写成增量形式

$$\boldsymbol{A}\Delta\boldsymbol{x} = \boldsymbol{F} \tag{6-52}$$

求出附加项 $\boldsymbol{F}$ 后，根据式(6-52) 即可得到边界值增量 $\Delta\boldsymbol{x}$（包含未知的面力和位移），将 $\Delta\boldsymbol{x}$ 累加到原有边界值即可得到新的边界值，运用新的边界值，求解式(6-28) 和式(6-38) 即可求得域内的位移和应变，该两式中的域内积分亦可用内点的记忆应力列阵表示。

$$\boldsymbol{u}' = D'_1 \boldsymbol{\sigma}^m \tag{6-53}$$

$$\varepsilon_{kl}' = D_2' \boldsymbol{\sigma}^m \tag{6-54}$$

其中，$\boldsymbol{D}'_1$ 和 $\boldsymbol{D}_2$ 分别是由式(6-45a) 和式(6-45b) 表示的第 n 个单元上的 d^n 和 d^{*n} 组成的系数矩阵，$\boldsymbol{u}'$ 和 ε_{kl}' 是式(6-28) 和式(6-38) 中记忆应力的区域积分对内点位移和应变的附加贡献；N 是域内网格总数；N_1 是需要计算位移的内点数量；N_2 是需要计算内点应变和应力的内点数目。在应变计算出来后，可通过式(6-11b) 计算新的记忆应力，然后根据式(6-51) ～ 式(6-54) 进行新的迭代求解。直至前后两次求出数值的误差满足所需精度为止。求解流程如图 6-3 所示。

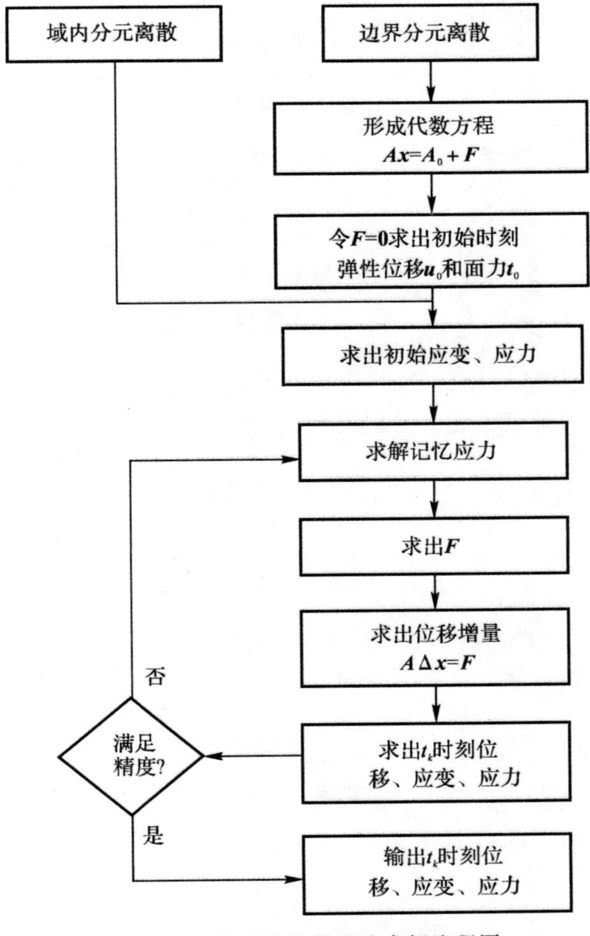

图 6-3　黏弹性边界元法求解流程图

也可以通过积分表达式(6-42)直接求解应力，则式(6-42)中关于记忆应力的区域积分也可写成下列矩阵形式：

$$\int_{\Omega-B_\eta(P)}\sigma^{*}_{ijkl}\sigma^{m}_{kl}\,\mathrm{d}\Omega=\boldsymbol{D}_3\,\boldsymbol{\sigma}^{m} \tag{6-55}$$

其中，$\boldsymbol{D}_3$ 是由式(6-45c)表示的第 n 个单元上的 $\bar{d}^{n}$ 组成的系数矩阵；N 是域内网格总数；N_2 是需要计算应变的内点个数。

观察式(6-51)～式(6-55)可知，在内部网格划分之后，系数矩阵 $\boldsymbol{D}_1$，$\boldsymbol{D}'_1$，$\boldsymbol{D}_2$ 和 $\boldsymbol{D}_3$ 在迭代求解之前就求出来了，在小位移情况下，这些系数矩阵几乎不随时间变化，因此适用于各个迭代步，一次求解可多次使用。

6.2.3 黏弹性记忆应力的迭代求解方法

由 6.2.2 节可知，迭代求解离不开记忆应力 σ^{m}_{ij} 的求解，而由式(6-11b)和式(6-16b)可知，记忆应力的求解需要计算遗传积分 $\int_0^t\frac{\partial G(\xi-\xi')}{\partial t'}\varepsilon_{ij}(t')\mathrm{d}t'$ 和 $\int_0^t\varepsilon_{kk}(t')\frac{\partial K(\xi-\xi')}{\partial t'}\mathrm{d}t'$，该积分通常可用梯形公式求解。下面以 $\int_0^t\varepsilon_{ij}(t')\frac{\partial G(\xi-\xi')}{\partial t'}\mathrm{d}t'$ 为例进行讨论。

$$\left[\begin{aligned}&\int_0^t\frac{\partial G(\xi-\xi')}{\partial t'}\varepsilon_{ij}\,\mathrm{d}t'=\\&\quad\frac{1}{2}\sum_{k=1}^{l-1}[G(\xi_l-\xi_{k+1})-G(\xi_l-\xi_k)][\varepsilon_{ij}(t_{k+1})+\varepsilon_{ij}(t_k)]=\\&\quad\frac{1}{2}\sum_{k=1}^{l-2}[G(\xi_l-\xi_{k+1})-G(\xi_l-\xi_k)][\varepsilon_{ij}(t_{k+1})+\varepsilon_{ij}(t_k)]+\\&\quad\frac{1}{2}[G(0)-G(\xi_l-\xi_{l-1})][\varepsilon_{ij}(t_l)+\varepsilon_{ij}(t_{l-1})]\end{aligned}\right] \tag{6-56}$$

由式(6-56)可知，计算遗传积分时，需要 t_l 时刻以前所有时间点的应变，这就需要大量的存贮量。为了计算方便，可以考虑将剪切模数 $G(t)$ 和体积模数 $K(t)$ 表示成Prony级数形式：

$$G(t)=G_0+\sum_{i=1}^{n}G_i\mathrm{e}^{-t/\zeta_i} \tag{6-57a}$$

$$K(t)=K_0+\sum_{j=1}^{n}K_j\mathrm{e}^{-t/\zeta_j} \tag{6-57b}$$

式中，G_0，G_i 和 ζ_i 分别为初始剪切模量、第 i 阶剪切模量及其松弛时间；K_0，K_j 和 ζ_j 分别为初始体积模量、第 j 阶体积模量及其松弛时间，这些参数都是材料参数，可通过相关实验确定。

令

$$\bar{\varepsilon}(t_k)=\frac{1}{2}[\varepsilon(t_{k+1})+\varepsilon(t_k)] \tag{6-58}$$

将式(6-57a)和式(6-58)代入式(6-56)中得

$$
\begin{aligned}
&\int_0^t \frac{\partial G(\xi-\xi')}{\partial t'}\varepsilon_{ij}\mathrm{d}t' = \\
&\quad [G(0)-G(\xi_l-\xi_{l-1})]\bar{\varepsilon}_{ij}(t_{l-1}) + \\
&\quad \sum_{k=1}^{l-2}[G(\xi_l-\xi_{k+1})-G(\xi_l-\xi_k)]\bar{\varepsilon}_{ij}(t_k) = \\
&\quad [G(0)-G(\xi_l-\xi_{l-1})]\bar{\varepsilon}_{ij}(t_{l-1}) + \\
&\quad \sum_{k=1}^{l-2}\sum_{j=1}^{n}G_j\left[\exp\left(-\frac{\xi_l-\xi_{k+1}}{\zeta_j}\right)-\exp\left(-\frac{\xi_l-\xi_k}{\zeta_j}\right)\right]\bar{\varepsilon}_{ij}(t_k) = \\
&\quad [G(0)-G(\xi_l-\xi_{l-1})]\bar{\varepsilon}_{ij}(t_{l-1}) + \\
&\quad \sum_{j=1}^{n}G_j\sum_{k=1}^{l-2}\left[\exp\left(-\frac{\xi_l-\xi_{k+1}}{\zeta_j}\right)-\exp\left(-\frac{\xi_l-\xi_k}{\zeta_j}\right)\right]\bar{\varepsilon}_{ij}(t_k) = \\
&\quad [G(0)-G(\xi_l-\xi_{l-1})]\bar{\varepsilon}_{ij}(t_{l-1}) + \sum_{j=1}^{n}G_j\varphi_{j,l}
\end{aligned}
\tag{6-59}
$$

其中

$$
\begin{aligned}
\varphi_{j,l} =& \sum_{k=1}^{l-2}\left[\exp\left(-\frac{\xi_l-\xi_{k+1}}{\zeta_j}\right)-\exp\left(-\frac{\xi_l-\xi_k}{\zeta_j}\right)\right]\bar{\varepsilon}_{ij}(t_k) = \\
& \sum_{k=1}^{l-2}\mathrm{e}^{-\xi_l/\zeta_j}\left[\exp\left(\frac{\xi_{k+1}}{\zeta_j}\right)-\exp\left(\frac{\xi_k}{\zeta_j}\right)\right]\bar{\varepsilon}_{ij}(t_k) = \\
& \mathrm{e}^{-\xi_l/\zeta_j}\left[\exp\left(\frac{\xi_{l-1}}{\zeta_j}\right)-\exp\left(\frac{\xi_{l-2}}{\zeta_j}\right)\right]\bar{\varepsilon}_{ij}(t_{l-2}) + \\
& \sum_{k=1}^{l-3}\mathrm{e}^{-\xi_l/\zeta_j}\left[\exp\left(\frac{\xi_{k+1}}{\zeta_j}\right)-\exp\left(\frac{\xi_k}{\zeta_j}\right)\right]\bar{\varepsilon}_{ij}(t_k) = \\
& \mathrm{e}^{-(\xi_l-\xi_{l-1})/\zeta_j}\left[1-\exp\left(-\frac{\xi_{l-1}-\xi_{l-2}}{\zeta_j}\right)\right]\bar{\varepsilon}_{ij}(t_{l-2}) + \\
& \mathrm{e}^{-(\xi_l-\xi_{l-1})/\zeta_j}\sum_{i=1}^{k-3}\left[\exp\left(-\frac{\xi_{l-1}-\xi_{k+1}}{\zeta_j}\right)-\exp\left(-\frac{\xi_{l-1}-\xi_k}{\zeta_j}\right)\right]\bar{\varepsilon}_{ij}(t_k) = \\
& \mathrm{e}^{-(\xi_l-\xi_{l-1})/\zeta_j}\left[1-\exp\left(-\frac{\xi_{k-1}-\xi_{k-2}}{\zeta_j}\right)\right]\bar{\varepsilon}_{ij}(t_{l-2}) + \mathrm{e}^{-(\xi_l-\xi_{l-1})/\zeta_j}\varphi_{j,l-1}
\end{aligned}
\tag{6-60}
$$

式(6－59)中的应变用矢量表示时，则有

$$
\begin{aligned}
&\int_0^t \frac{\partial G(\xi-\xi')}{\partial t'}\{\varepsilon(t')\}\mathrm{d}t' = \\
&\quad \frac{1}{2}[G(0)-G(\xi_l-\xi_{l-1})]\{\varepsilon(t_l)+\varepsilon(t_{l-1})\} + \sum_{j=1}^{n}G_j\{\varphi_{j,l}\}
\end{aligned}
\tag{6-61}
$$

其中，$\boldsymbol{\varphi}_{j,1}$ 和 $\boldsymbol{\varphi}_{j,2}$ 都是零向量，由式(6－61)可知，第 $l(l\geqslant 3)$ 步的记忆应力计算只需要 t_l 时刻应变 $\varepsilon(t_l)$ 及之前两个时间步的应变 $\varepsilon(t_{l-2})$ 和 $\varepsilon(t_{l-1})$，与式(6－56)相比可大量节约计算机内存，提高计算效率。

遗传积分 $\int_0^t \varepsilon_{kk}(t')\frac{\partial K(\xi-\xi')}{\partial t'}\mathrm{d}t'$ 与 $\int_0^t \frac{\partial G(\xi-\xi')}{\partial t'}\varepsilon_{ij}(t')\mathrm{d}t'$ 的处理方法与此类似，但考

虑到黏弹性材料的不可压缩性，可将黏弹性材料的体积模量视为常数 K，则将式(6－61)代入式(6－16b)后可得记忆应力的计算公式如下：

$$\{\boldsymbol{\sigma}^m\}_{k-1}=\frac{1}{2}[G(0)-G(\xi_k-\xi_{k-1})]\times\boldsymbol{D}_2\{\varepsilon(t_k)+\varepsilon(t_{k-1})\}+\boldsymbol{D}_2\sum_{j=1}^{n}G_j\{\varphi_{j,k}\}\tag{6-62}$$

由于迭代计算第 $k-1$ 步的记忆应力需要 t_k 时刻及之前两个时间步的应变，假设 $k=1$ 时 $\varepsilon_{ij}(t_1)$ 为初始计算得到的弹性应变分量，则可令 $k=2$ 作为迭代的起始步，且有 $\varepsilon_{ij}(t_2)=\varepsilon_{ij}(t_1)$，并令当前温度下的折减时间增量为 $\Delta\xi$，对于平面应变问题有

$$\boldsymbol{\sigma}^m=\begin{bmatrix}\sigma_{11}\\\sigma_{22}\\\sigma_{12}\end{bmatrix}_1=\frac{1}{2}(G(0)-G(\xi_2-\xi_1))\boldsymbol{D}_2\begin{bmatrix}\varepsilon_{11}(t_2)+\varepsilon_{11}(t_1)\\\varepsilon_{22}(t_2)+\varepsilon_{22}(t_1)\\\varepsilon_{12}(t_2)+\varepsilon_{12}(t_1)\end{bmatrix}=\frac{1}{2}(G(0)-G(\Delta\xi))\boldsymbol{D}_2\begin{bmatrix}\varepsilon_{11}(t_2)+\varepsilon_{11}(t_1)\\\varepsilon_{22}(t_2)+\varepsilon_{22}(t_1)\\\varepsilon_{12}(t_2)+\varepsilon_{12}(t_1)\end{bmatrix}\tag{6-63}$$

将 $\boldsymbol{\sigma}_1^m$ 连同 $\boldsymbol{\sigma}_1^{\mathrm{T}}$（如不记温度影响，可记为零）代入式(6－34)求出 $\boldsymbol{F}$，然后将之代入式(6－35)求出边界上的未知位移 $\boldsymbol{u}_2$ 和面力 $\boldsymbol{T}_2$，进而将 $\boldsymbol{u}_2$ 和 $\boldsymbol{T}_2$ 连同 $\boldsymbol{\sigma}_1^m$ 和 $\boldsymbol{\sigma}_1^{\mathrm{T}}$ 代入式(6-38)和式(6-42)对应的代数方程组，求出更新的应变矢量 $\boldsymbol{\varepsilon}(t_3)$，和应力矢量 $\boldsymbol{\sigma}(t_2)$。当 $k=3$ 时，有

$$\left.\begin{aligned}&\boldsymbol{\sigma}^m=\begin{bmatrix}\sigma_{11}\\\sigma_{22}\\\sigma_{12}\end{bmatrix}_2=\frac{1}{2}[G(0)-G(\Delta\xi)]\boldsymbol{D}_2\begin{bmatrix}\varepsilon_{11}(t_3)+\varepsilon_{11}(t_2)\\\varepsilon_{22}(t_3)+\varepsilon_{22}(t_2)\\\varepsilon_{12}(t_3)+\varepsilon_{12}(t_2)\end{bmatrix}+\sum_{j=1}^{n}G_j\varphi_{j,3}\\&\varphi_{j,3}=\mathrm{e}^{-\frac{\Delta\xi}{\zeta_j}}(1-\mathrm{e}^{-\frac{\Delta\xi}{\zeta_j}})\begin{bmatrix}\varepsilon_{11}(t_2)+\varepsilon_{11}(t_1)\\\varepsilon_{22}(t_2)+\varepsilon_{22}(t_1)\\\varepsilon_{12}(t_2)+\varepsilon_{12}(t_1)\end{bmatrix}\end{aligned}\right\}\tag{6-64}$$

当 $k\geqslant4$ 时，即可按照式(6－65)迭代公式求解记忆应力：

$$\left.\begin{aligned}&\boldsymbol{\sigma}^m=\begin{bmatrix}\sigma_{11}\\\sigma_{22}\\\sigma_{12}\end{bmatrix}_{k-1}=\frac{1}{2}[G(0)-G(\Delta\xi)]\\&\qquad\boldsymbol{D}_2\begin{bmatrix}\varepsilon_{11}(t_k)+\varepsilon_{11}(t_{k-1})\\\varepsilon_{22}(t_k)+\varepsilon_{22}(t_{k-1})\\\varepsilon_{12}(t_k)+\varepsilon_{12}(t_{k-1})\end{bmatrix}+\sum_{j=1}^{n}G_j\{\varphi_{j,k}\}\\&\boldsymbol{\varphi}_{j,k}=\mathrm{e}^{-\frac{\Delta\xi}{\zeta_j}}(1-\mathrm{e}^{-\frac{\Delta\xi}{\zeta_j}})\begin{bmatrix}\varepsilon_{11}(t_{k-1})+\varepsilon_{11}(t_{k-2})\\\varepsilon_{22}(t_{k-1})+\varepsilon_{22}(t_{k-2})\\\varepsilon_{12}(t_{k-1})+\varepsilon_{12}(t_{k-2})\end{bmatrix}+\mathrm{e}^{-\frac{\Delta\xi}{\zeta_j}}\{\varphi_{j,k-1}\}\end{aligned}\right\}\tag{6-65}$$

将 $\boldsymbol{\sigma}_{k-1}^m$ 求出之后，连同 $\boldsymbol{\sigma}_{k-1}^{\mathrm{T}}$（如不记温度影响，可记为零）代入式(6-34)求出新的 $\boldsymbol{F}$，然后将新求出的 $\boldsymbol{F}$ 代入式(6－35)进而求出边界上的未知位移 $\boldsymbol{u}_k$ 和面力 $\boldsymbol{T}_k$，然后将 $\boldsymbol{u}_k$ 和 $\boldsymbol{T}_k$ 连同

$\boldsymbol{\sigma}_{k-1}^{m}$ 和 $\boldsymbol{\sigma}_{k-1}^{\mathrm{T}}$ 代入式(6-38)和式(6-42)对应的代数方程组，求出更新的应变矢量 $\boldsymbol{\varepsilon}(t_{k+1})$ 和应力矢量 $\boldsymbol{\sigma}(t_k)$。当第 $k+1$ 步计算结果(以位移以为例)同第 k 步的计算结果差值满足预定的精度要求时停止迭代。

6.3　数值算例

如图 6-4 所示的轴对称厚壁圆筒由两层材料组成，内层圆筒内径为 r_0，外径为 r_1，内层材料为典型的黏弹性材料；外层圆筒厚度为 $h=r_2-r_1$，外层材料为弹性材料。假设圆筒内腔受到压力 $q(t)$ 作用，可用6.2节给出的时域问题边界元法求解内层圆筒内径处的应力、应变随时间的变化。瞬时压力模型如图 6-5 所示。

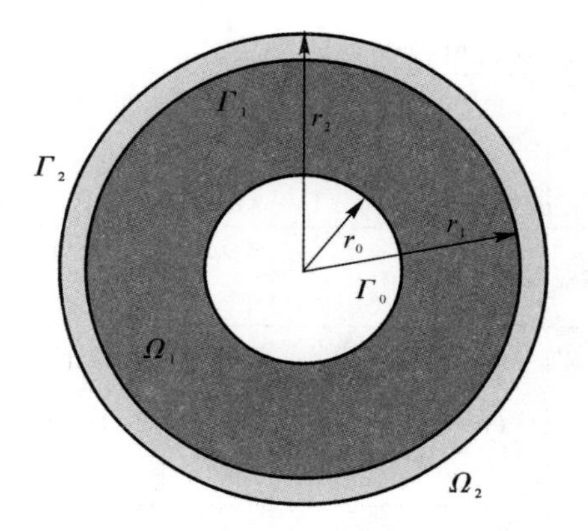

图 6-4　轴对称厚壁圆筒平面应变模型

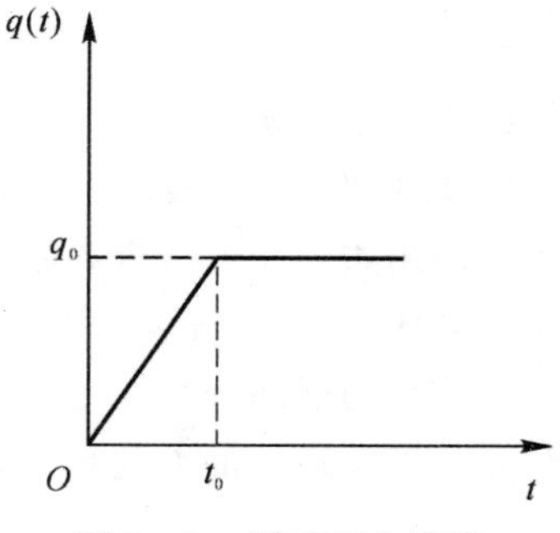

图 6-5　瞬时压力模型

$$q(t)=\begin{cases}\dfrac{q_0}{t_0}t_a & (t_a<t_0)\\ q_0 & (t_a\geqslant t_0)\end{cases}\tag{6-66}$$

假设 ν 为内层黏弹性材料泊松比；ν_c 为外层壳体材料泊松比；E_k 为壳体弹性模量；h 为壳体厚度；$m=r_1/r_0$ 为内层圆筒的内外径比；$E(t)$ 为黏弹性材料松弛模量；r_0 和 r_1 分别为内层圆筒的内外径。根据黏弹性解-弹性解对应原理进行理论解析解的计算，得到内层内径 r 处的黏弹性解[111-112]。当 $t_a\leqslant t_0$ 时，有径向应力

$$\sigma_r(t_a)=\frac{q(t_0)}{t_0}t_a \tag{6-67a}$$

径向应变

$$\varepsilon_r(t_a)=\left[-\frac{q(t_0)(1-v^2)}{t_0}-\frac{v(1-v^2)(k_1-1)q(t_0)}{(1-v)t_0}\right]\int_0^{t_a}\frac{\mathrm{d}t}{E(t)}+\frac{v(1-\nu^2)k_2q(t_0)}{(1-\nu)t_0}\int_0^{t_a}\frac{\mathrm{d}t}{(a_0+E(t))E(t)} \tag{6-67b}$$

周向应力

$$\sigma_\theta(t_a)=\frac{(k_1-1)q(t_0)t_a}{t_0}-\frac{k_2q(t_0)}{t_0}\int_0^{t_a}\frac{\mathrm{d}t}{a_0+E(t)} \tag{6-67c}$$

周向应变

$$\varepsilon_\theta(t_a)=\frac{k_3q(t_0)}{t_0}\int_0^{t_a}\frac{\mathrm{d}t}{E(t)}+\frac{k_4q(t_0)}{t_0}\int_0^{t_a}\frac{\mathrm{d}t}{a_0+E(t)} \tag{6-67d}$$

其中

$$\left.\begin{aligned}a_0&=\frac{2m^2}{m^2-1}\frac{(1+\nu)[1+m^2(1-2\nu)]E_kh}{[m^2(3-v-4vv_c)+1+v]r_1}\\a_1&=\frac{2m^2(1+v)(1-2v)E_kh}{[m^2(3-v-4vv_c)-(1+v_c)(1-2v)]r_1}\end{aligned}\right\} \tag{6-68a}$$

$$\left.\begin{aligned}k_1&=\frac{2m^2}{m^2-1}\frac{m^2(3-\nu-4\nu\nu_c)-(1-2\nu)(1+\nu_c)}{m^2(3-\nu-4\nu\nu_c)+1+\nu}\\k_2&=(a_0-a_1)k_1\\k_3&=(1-\nu^2)\left[\frac{2m^2(1-2v)}{1+m^2(1-2v)}-\frac{1-2v}{1-v}\right]\\k_4&=2(1-\nu^2)m^2\left[\frac{m^2(3-v-4vv_c)-(1+v_c)(1-2v)}{(m^2-1)[m^2(3-v-4vv_c)+1+v]}\right]\end{aligned}\right\} \tag{6-68b}$$

如图 6-4 所示的轴对称平面应变模型，其中壳体是弹性材料，内层是黏弹性材料，由于壳体和内层圆筒两部分材料不同，因此采用边界元方法求解时，需要将它们分成两个区域分别列出积分方程进行求解。其中Ω_2表示壳体区域，Γ_2和Γ_1分别表示壳体部分的外边界和内边界，Ω_1表示内层圆筒区域，Γ'_1和Γ_0分别表示内层部分的外边界和内边界，其中$\Gamma'_1=-\Gamma_1$，因为内层和壳体虽然共用边界Γ_1，但两部分关于该边界的方向规定是相反的，这里规定Γ'_1沿逆时针为正。

为简单起见，先不考虑体力和热应力，则由式(6-33)可知，在区域Ω_1上有

$$[\boldsymbol{H}^1,\boldsymbol{H}_1^1]\begin{Bmatrix}\boldsymbol{U}^1\\\boldsymbol{U}_1^1\end{Bmatrix}=[\boldsymbol{G}^1,\boldsymbol{G}_1^1]\begin{Bmatrix}\boldsymbol{P}^1\\\boldsymbol{P}_1^1\end{Bmatrix}+\{\boldsymbol{B}'_1\} \tag{6-69a}$$

式(6-69a)中，$\boldsymbol{U}^1$和$\boldsymbol{U}_1^1$分别为$\boldsymbol{\Omega}_1$的外边界(内孔边界)Γ_0和公用边界Γ'_1上的位移向量，$\boldsymbol{P}^1$和$\boldsymbol{P}_1^1$分别为Ω_1的外边界(内孔边界)Γ_0和公用边界Γ'_1上的面力向量。

同理，在区域Ω_2上有

$$[\boldsymbol{H}^2,\boldsymbol{H}_1^2]\begin{Bmatrix}\boldsymbol{U}^2\\\boldsymbol{U}_1^2\end{Bmatrix}=[\boldsymbol{G}^2,\boldsymbol{G}_1^2]\begin{Bmatrix}\boldsymbol{P}^2\\\boldsymbol{P}_1^2\end{Bmatrix}+\{\boldsymbol{B}'_2\} \tag{6-69b}$$

式(6-69b)中，$\boldsymbol{U}^2$ 和 $\boldsymbol{U}_I^2$ 分别为 Ω_2 的外边界 Γ_2 和公用边界 Γ_1 上位移向量，$\boldsymbol{P}^2$ 和 $\boldsymbol{P}_I^2$ 分别为 Ω_2 的外边界 Γ_2 和公用边界 Γ_1 上的面力向量。

假设两层材料粘接完好，则壳体和内层圆筒在公共边界 Γ_1 上满足位移和面力的连续条件

$$\left.\begin{aligned}\boldsymbol{U}_I^1=\boldsymbol{U}_I^2=\boldsymbol{U}_I\\ \boldsymbol{P}_I^1=-\boldsymbol{P}_I^2=\boldsymbol{P}_I\end{aligned}\right\}\tag{6-70}$$

由式(6-70)可知，式(6-69a)和式(6-69b)可分别改写成下列形式：

$$[\boldsymbol{H}^1,\boldsymbol{H}_I^1,-\boldsymbol{G}_I^1]\begin{Bmatrix}\boldsymbol{U}^1\\ \boldsymbol{U}_I\\ \boldsymbol{P}_I\end{Bmatrix}=\boldsymbol{G}^1\boldsymbol{P}^1+\{\boldsymbol{B}'_1\}\tag{6-71a}$$

$$[\boldsymbol{H}^2,\boldsymbol{H}_I^2,\boldsymbol{G}_I^2]\begin{Bmatrix}\boldsymbol{U}^2\\ \boldsymbol{U}_I\\ \boldsymbol{P}_I\end{Bmatrix}=\boldsymbol{G}^2\boldsymbol{P}^2+\{\boldsymbol{B}'_2\}\tag{6-71b}$$

综合式(6-58a)和式(6-58b)两式，可得到下列形式：

$$\begin{pmatrix}\boldsymbol{H}^1 & \boldsymbol{H}_I^1 & -\boldsymbol{G}_I^1 & 0\\ 0 & \boldsymbol{H}_I^2 & \boldsymbol{G}_I^2 & \boldsymbol{H}^2\end{pmatrix}\begin{Bmatrix}\boldsymbol{U}^1\\ \boldsymbol{U}_I\\ \boldsymbol{P}_I\\ \boldsymbol{U}^2\end{Bmatrix}=\begin{pmatrix}\boldsymbol{G}^1 & 0 & 1 & 0\\ 0 & \boldsymbol{G}^2 & 0 & 1\end{pmatrix}\begin{Bmatrix}\boldsymbol{P}^1\\ \boldsymbol{P}^2\\ \boldsymbol{B}'_1\\ \boldsymbol{B}'_2\end{Bmatrix}\tag{6-72}$$

式(6-72)即是轴对称厚壁圆筒平面应变问题的代数方程组，按照6.2节的边界元离散方法和记忆应力迭代解法，即可求出该问题的解。此外，从该方程的形式也可以看出，该方程系数矩阵具有带状特征，也可以克服边界元系数矩阵是满阵的缺点，从而可以节约内存并减少计算时间。

采取线性圆弧单元对图6-4所示的模型进行离散，如图6-6所示。边界 Γ_0，Γ_1 和 Γ_2 上一周共划分48个圆弧单元，为计算记忆应力和内点的应力应变，将区域 Ω_1 和 Ω_2 划分成四边形等参单元(采用有限元网格)，其中 Ω_1 内划分336个四边形网格，Ω_2 内划分96个四边形网格，域内一共432个四边形网格，区域积分采用 3×3 高斯积分。

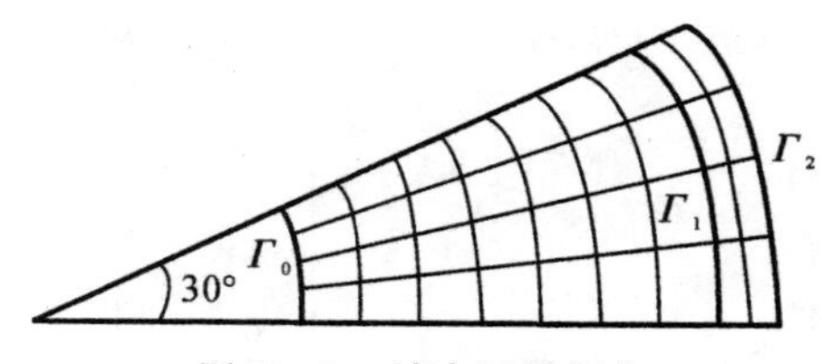

图 6-6　域内网格划分

计算模型载荷参数几何参数、材料参数和如下：

载荷参数：$q_0=8.9$ MPa，$t_0=0.1$ s；

模型尺寸：$r_0=0.3$，$r_1=1$，$h=0.005$；

材料参数：$E_k=206.8$ GPa，$\nu_c=0.3$，黏弹性材料 $\nu=0.495$，初始模量 $E(0)=12.209$ MPa。

松弛模量的Prony级数形式如下：

$$E(t)=1.799+1.431e^{\frac{-t}{\tau_1}}+2.053^{\frac{-t}{\tau_2}}+3.040e^{\frac{-t}{\tau_3}}+3.866e^{\frac{-t}{\tau_4}}\,(\text{MPa})\tag{6-73}$$

其中，$\tau_i = 4 \times 10^{(i-3)}$，剪切模量和体积模量计算公式如下：

$$\left.\begin{aligned} G(t) &= \frac{E(t)}{2(1+\nu)} \\ K(t) &= K(0) = \frac{E(0)}{3(1-2\nu)} \end{aligned}\right\} \tag{6-74}$$

对黏弹性材料进行数值计算时，一般假设体积模量为常数，并取 $K(0)$ 作为体积模量，这样计算式(6-16b)的遗传积分时就可以简化，只需计算记忆应力随着剪切模量变化即可。图6-7和图6-8给出了周向应力、应变与径向应力、应变的解析解和数值解随加载时间的变化曲线，从中可以看出两者吻合良好。

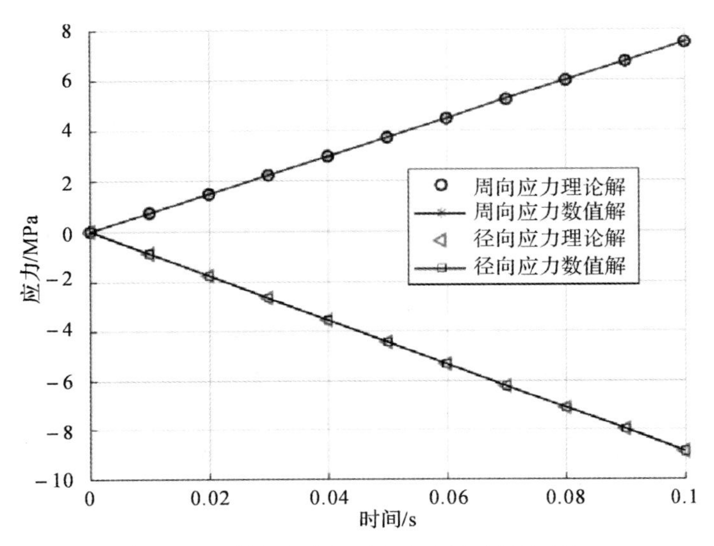

图6-7　周向应力和径向应力随时间的变化

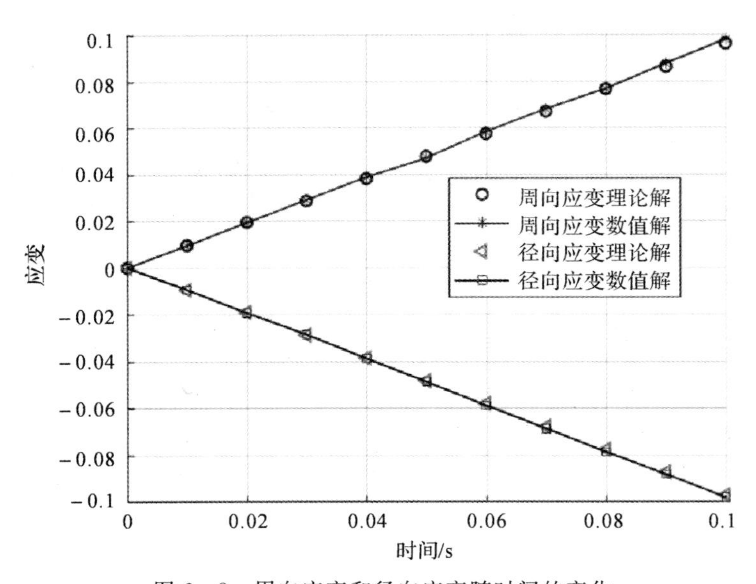

图6-8　周向应变和径向应变随时间的变化

6.4 本章小结

本章根据弹性-黏弹性相似应原理给出了积分型黏弹性本构方程及其矩阵形式，在此基础上将黏弹性效应以初应力的形式作为积分方程的右端项，进而推导了时间域内黏弹性边界积分方程，并给出了域内边界积分方程的离散方法。采用 Prony 级数法描述黏弹性材料的本构方程，导出了域内记忆应力的迭代求解方法。最后以轴对称平面应变问题为例进行了边界元求解，数值结果证明了迭代方法的正确性。

参考文献

[1] KACHANOV M, TSUKROV I, SHAFIRO B. Materials with fluid - saturated cracks and cavities: Fluid pressure polarization and effective elastic response[R]. International Journal of Fracture, 1995, 73: 61 - 66.

[2] SHAFIRO B, KACHANOV M. Materials with fluid - filled pores of various shapes: Effective elastic properties and fluid pressure polarization[J]. International Journal of Solid and Structures, 1996, 34(27): 3517 - 3540.

[3] HUANG Q Z, ZHENG X P, YAO Z H. Boundary element method for 2D solid with fluid - filled pores[J]. Engineering Analysis with Boundary Elements, 2011, 35(2): 191 - 199.

[4] STYLE R W, WETTLAUFER J S, DUFRESNE E R. Surface tension and the mechanics of liquid inclusions in compliant solids [J]. Soft Matter, 2014, 11(4): 672 - 679.

[5] STYLE R W, BOLTYANSKIY R, ALLEN B, et al. Stiffening solids with liquid inclusions[J].Nature Physics, 2015(11):82 - 87.

[6] BIOT M A. General theory of three - dimensional consolidation[J]. Journal of Applied Physics, 1941(12): 155 - 164.

[7] BIOT M A. Theory of propagation of elastic waves in a fluid - saturated porous solid [J]. The Journal of the Acoustical Society of America, 1956, 28 (2): 168 - 191.

[8] TRUESDELL C. Rational Thermodynamics [M]. Second Edition. New York: Springer - Verlag, 1984.

[9] BOWEN R M. 混合物理论[M]. 许慧已,董务民,译. 南京:江苏科学技术出版社,1983.

[10] DE BOER R. Highlights in the historical development of the porous media theory: toward consistent microscopic theory[J]. Applied Mechanics Reviews, 1996, 49(4): 201 - 262.

[11] GHABOUSSI J, WILSON E L. Variational formulation of dynamics of fluid - saturated porous and elastic solid[J]. Journal of the Engineering Mechanics Division, ASCE, 1972(98): 947 - 936.

[12] ZIENKIEWICZ O C, SHIOMI T. Dynamic behavior of saturated porous media: the generalized Biot formulation and its numerical solution[J]. International Journal for Numerical and Analytical Methods in Geomechanics, 1984, 8(1): 71 - 96.

[13] SIMON B R, WU J S S, ZIENKIEWICZ O C, et al. Evaluation of u - w and u - π finite element method for dynamic response of saturated porous media using one - dimensional models[J]. International Journal for Numerical and Analytical Methods in Geomechanics, 1986, 10(5): 461 - 482.

[14] PREVOST H. Wave propagation in fluid - saturated porous media: an efficient finite element procedure [J]. International Journal of Soil Dynamics and Earthquake Engineering, 1985, 4(4): 183 - 202.

[15] SANDHU R S, SHAW H L, HONG S J. A three - field finite element procedure for analysis of elastic wave propagation through fluid - saturated solids[J]. Soil Dynamics and Earth Engineering, 1990, 9(2): 58 - 65.

[16] SCHREFLER B A, SANAVIA L, MAJORANA C E. A multiphase medium model for localization and postlocalisation simulation in geomaterials [J]. Mechanics of Cohesive - Frictional Materials, 1996, 1(1): 95 - 114.

[17] DIEBELS S, EHLERS W. Dynamic analysis of a fully saturated porous medium accounting for geometrical and materials non - linearities[J]. International Journal for Numerical Methods in Engineering, 1996, 39(1): 81 - 97.

[18] DOMINGUEZ J. An integral formulation for dynamicporoelasticity[J]. Journal of Applied Mechanics, ASME, 1991, 58(2): 588 - 591.

[19] DOMINGUEZ J. Boundary element approach for dynamicporoelastic problems[J]. International Journal for Numerical Methods in Engineering, 1992, 35(2): 307 - 324.

[20] CHENG A H D, BADMUS T, BESKOS D E. Integral equations for dynamic poroelasticity in frequency domain with BEM solution[J]. Journal of Engineering Mechanics, ASCE, 1991, 117 (5): 1136 - 1157.

[21] CHEN J, DARGUSH G F. Boundary element method for dynamic poroelastic and thermoelastic analysis[J]. International Journal of Solid and Structures, 1995, 32 (15): 2257 - 2278.

[22] 门福录. 波在饱含流体的孔隙介质中的传播问题[J]. 地球物理学报，1981，24(1)：65 - 76.

[23] 章根德. 固体-流体混合物连续介质理论及其在工程上的应用[J]. 力学进展，1993，23(1)：58 - 68.

[24] 汪越胜，章梓茂. 横观各向同性液体饱和多孔介质中平面波的传播[J]. 力学学报，1997，29(3)：257 - 268.

[25] 李锡夔，刘泽佳，严颖. 饱和多孔介质中的混合有限元法和有限应变下应变局部化分析[J]. 力学学报，2003，35(6)：668 - 676.

[26] 刘泽佳，李锡夔，武文华. 非饱和多孔介质中化学-热-水力-力学耦合过程本构模型和数值模拟[J]. 岩土工程学报，2004，26(6)：797 - 803.

[27] 张洪武，何扬，李锡夔. 饱和多孔介质半无限域动力-渗流分析中的非反射边界元法

[J]. 岩土工程学报，1990，12(4)：49－56.
[28] 张洪武.饱和多孔介质动力应变局部化分析中的内尺度律[J]. 岩土力学，2001，22(3)：249－253.
[29] 杨松岩，俞茂宏. 多相孔隙介质的本构描述[J]. 力学学报，2000，32(1)：11－24.
[30] 梁利华，韩捷，刘勇. 多孔介质问题的边界元逆分析法[J]. 浙江工业大学学报，2001，29(2)：142－147.
[31] 刘颖. 冲击载荷作用下含液饱和多孔介质中应力波传播问题的研究[D].大连：大连理工大学，2002.
[32] 黄义，张引科. 非饱和土本构关系的混合物理论：线性本构方程和场方程[J].应用数学和力学，2003，24(2)：111－137.
[33] 黄茂松，李进军. 饱和多孔介质土动力学理论与数值解法[J]. 同济大学学报(自然科学版)，2004，32(7)：851－856.
[34] 刘占芳，姜乃斌，李思平. 饱和多孔介质一维瞬态波动问题的解析分析[J]. 工程力学，2006，23(7)：19－24.
[35] 杨骁，李丽. 不可压饱和多孔弹性梁、杆动力响应的数学模型[J]. 固体力学学报，2006，27(2)：159－166.
[36] 徐小明，陆建飞. 饱和孔隙介质中的格林函数及边界积分方程[J]. 青岛理工大学学报，2007，28(3)：9－14.
[37] 赵成刚，刘艳，周贵荣，等. 非饱和土本构模型研究进展[J]. 北京工业大学学报，2008，34(8)：820－829.
[38] 杨庆生，秦庆华，马连华. 多孔介质的热-电-化-力学耦合理论及应用[J]. 固体力学学报，2010，31(6)：587－602.
[39] 沈珠江. 关于固结理论和有效应力的讨论[J]. 岩土工程学报，1995，17(6)：118－119.
[40] ESHELBY J D. The determination of the elastic field of an ellipsoidal inclusion and related problems [C]. Proceedings of the Royal Society of London. Series A, Machematical and Physical Sciences，1957，241(1226)：376－396.
[41] Bensoussan Alain，Lionis J L，Papanicolaou G. Asymptotic analysis for periodic structures[M]. New York：AMS Chelsea Publishing，1978.
[42] HILL R. Elastic Properties of reinforced solids：some theoretical Principles [J]. Journal of the Mechanics and Physics of Solids，1963(11)：357－372.
[43] O'CONNELL R J，BUDIANSKY B. Seismic velocities in dry and saturated cracked solids [J]. Journal of Geomechanics Research，1974(79)：5412－5426.
[44] BUDIANSKY B，O'CONNELL R J. Elastic modulus of cracked solid [J]. International Journal of Solids and Structures，1976(12)：81－97.
[45] ZIMMERMAN R. Compressibility of Sandstones [M]. Amsterdam：Elsevier Science Publishers，2012.
[46] GIRAUD A，HUYNH Q V，HOXHA D，et al. Application of results on Eshelby

tensor to the determination of the effective poroelastic properties of anisotropic rock - like composites[J]. International Journal of Solids and Structures, 2007, 44(11-12): 3756-3772.

[47] 张洪武. 非饱和多孔介质动力应变局部化数值模拟[J].工程力学(增刊), 2001: 633-637.

[48] 王海龙，李庆斌. 饱和混凝土的弹性模量预测[J]. 清华大学学报(自然科学版), 2005, 45(6): 761-763.

[49] 李春光，王水林，郑宏，等. 多孔介质孔隙率与体积模量的关系[J]. 岩土力学, 2007, 28(2): 293-296.

[50] 马连华，杨庆生. 含流体夹杂弹性介质有效性能[J].北京工业大学学报, 2011, 37(8): 1136-1142.

[51] 吕军，张洪武. 基于扩展多尺度有限元法的含液闭孔材料拓扑优化[J]. 固体力学学报, 2013, 34(4):342-350.

[52] GURTIN M E, MURDOCH A I. A continuum theory of elastic material surfaces [J]. Archive for Rational Mechanics and Analysis, 1975, 57(4): 291-323.

[53] GURTIN M E, WEISSMÜLLER J, LARCHÉ F. A general theory of curved deformable interfaces in solids at equilibrium [J]. Philosophical Magazine, 1998, 78 (5): 1093-1109.

[54] POVSTENKO Y Z. Theoretical investigation of phenomena caused by heterogeneous surface tension in solids [J]. Journal of the Mechanics and Physics of Solids, 1993, 41 (9):1499-1514.

[55] MILLER R E, SHENOY V B. Size - dependent elastic properties of nanosized structural elements[J]. Nanotechnology, 2000, 11(3): 139-147.

[56] DUAN H L, WANG J, HUANG Z P, et al. Size - dependent effective elastic constants of solids containing nano - inhomogeneities with interface stress[J]. Journal of the Mechanics and Physics of Solids, 2005, 53(7): 1574-1596.

[57] 王元淳. 边界元法基础[M]. 上海:上海交通大学出版社, 1988.

[58] 姚振汉，王海涛. 边界元法[M]. 北京:高等教育出版社, 2009.

[59] JASWON M A. Integral equation methods in potential theory, Part I [C]// Proceedings of the Royal Society volume. 275 Issue 1360. Series A. Mathematical Physical and Engineering Sciences, 1963, 275(1360): 23-32.

[60] SYMM G T. Integral equation methods in potential theory, Part II[C]. Proceedings of the Royal Society. Series A. Mathematical, Physical and Engineering Sciences, 1963, 275(1360): 33-46.

[61] RIZZO F J. An integral equation approach to boundary value problems of classical elastostatics[J]. Quarterly of Applied Mathematics, 1967,25(1): 83-95.

[62] CRUSE T A, RIZZO F J. A direct formulation and numerical solution of the general transientelastodynamic problem (I) [J]. Journal of Mathematical Analysis and

Applications, 1968, 22(1): 244 - 259.

[63] CRUSE T A. A direct formulation and numerical solution of the general transientelastodynamic problem (II) [J]. Journal of Mathematical Analysis and Applications. 1968, 22(2): 341 - 355.

[64] CRUSE T A. Two - dimensional boundary integral equation fracture mechanics analysis[J]. Applied mathematical modeling, 1978(2): 287 - 293.

[65] BREBBIA C A. The boundary element method for engineers[M]. London: Pentech Press, 1978.

[66] 杜庆华，岑章志，嵇醒，等. 边界积分方程方法:边界元法[M]. 北京：高等教育出版社，1989.

[67] 王海涛. 快速多极边界元法研究及其在复合材料模拟中的应用[D]. 北京:清华大学，2005.

[68] 王朋波. 用于断裂分析与弹塑性分析的快速多极边界元法[D]. 北京：清华大学，2006.

[69] 雷霆. 快速多极边界元并行算法的研究与工程应用[D]. 北京:清华大学，2006.

[70] BETTESS J A. Economical solution technique for boundary integral matrices[J]. International Journal for Numerical Methods in Engineering, 1983, 19(7): 1073 - 1077.

[71] MULLEN R L, RENCIS J J. Iterative methods for solving boundary element equations[J]. Computers and Structures, 1987, 25(5): 713 - 723.

[72] Kane J H, Keyes D E, Prasad K G. Iterative solution techniques in boundary element analysis[J]. International Journal for Numerical Methods in Engineering, 1991, 31(8): 1511 - 1536.

[73] BARRA L P S, COUTINHO A L G A, MANSUR W J, et al. Iterative solution of BEM equations by GMRES algorithm[J]. Computers and Structures, 1992, 44(6): 1249 - 1253.

[74] MANSUR W J, ARAÚJO F C, MALAGHINI J E B. Solution of BEM systems of equations via iterative techniques[J]. International Journal for Numerical Methods in Engineering, 1992, 33(9): 1823 - 1841.

[75] UREKEW T J, RENCIS J J. The importance of diagonal dominance in the iterative solution of equations generated from the boundary element method[J]. International Journal for Numerical Methods in Engineering, 1993, 36(20):3509 - 3527.

[76] PRASAD K G, KANE J H, KEYES D E, et al. Preconditioned Krylov solvers for BEA[J]. International Journal for Numerical Methods in Engineering, 1994, 37(10): 1651 - 1672.

[77] MERKELA M, BULGAKOVA V, BIALECKI R, et al.Iterative solution of large - scale 3D - BEM industrial problems [J]. Engineering Analysis with Boundary Elements. 1998, 22(3): 183 - 197.

[78] VALENTE F P, PINA H L G. Iterative solvers for BEM algebraic systems of

equations[J]. Engineering Analysis with Boundary Elements. 1998，22(2):117 - 124.

[79] VALENTE F P，PINA H L .Iterative techniques for 3 - D boundary element method systems of equations [J]. Engineering Analysis with Boundary Elements，2001，25(6):423 - 429.

[80] 蔡大用，白峰杉. 高等数值分析[M]. 北京：清华大学出版社，1997.

[81] SONNEVELD P. CGS，a fast lanczos - type solver for nonsymmetric linear systems [J]. SIAM Journal on Scientific and Statistical Computing，1989，10(1)：36 - 52.

[82] VORST H A V D. Bi - CGSTAB：A fast and smoothly converging variant of Bi - CG for the solution of nonsymmetric linear systems[J]. SIAM Journal on Scientific and Statistical Computing，1992，13(2)：631 - 644.

[83] SAAD Y，SCHULTZ M H. GMRES：A generalized minimum residual algorithm for solving nonsymmetric linear systems[J]. SIAM Journal on Scientific and Statistical Computing，1986，7(3)：856 - 869.

[84] GREENGRAD L，ROKHLIN V. A fast algorithm for particle simulations [J]. Journal of Computational Physics，1987，73(2)：325 - 348

[85] CHENG H，GREENGARD L，ROKHLIN V. A fast adaptive multipole algorithm in three dimensions[J]. Journal of Computational Physics，1999，155(2)：468 - 498.

[86] EPTON M A，DEMBART B. Multipole translation theory for the three - dimensional Laplace and Helmholtz equations [J]. SIAM Journal on Scientific and Statistical Computing，1995，16(4)：865 - 897.

[87] ROKHLIN V. Diagonal forms of translation operator for the Helmholtz equation in three dimensions[J]. Applied and Computational Harmonic Analysis，1993，1(1)：82 - 93.

[88] GREENGARD L，ROKHLIN V. A new version of the fast multipole method for the Laplace equation in three dimensions[J]. Acta Numerica，1997(6)：229 - 270.

[89] YAMADA Y，HAYAMI K. A multipole boundary element method for two dimensionalelastostatics [R]. Department of Mathematical Engineering and Information Physics，Faculty of Engineering，The University of Tokyo，1995，METR 95 - 07:1 - 20.

[90] YAMADA Y，HAYAMI K. A multipole boundary element method for two dimensionalelastostatics [C]. Notes on Numerical Fluid Mechanics，1996，54：255 - 267.

[91] FU Y H，KLIMKOWSKI K J，RODIN G J，et al. A fast solution method for three - dimensional many - particle problems of linear elasticity[J]. International Journal for Numerical Methods in Engineering，1998，42：1215 - 1229.

[92] YOSHIDA K. Applications of fast multipole method to boundary integral equation method[D]. Kyoto，Kyoto University，2001.

[93] LIU Y J, NISHIMURA N, OTANI Y, et al.A fast boundary element method for the analysis of fiber－reinforced composites based on a rigid－inclusion model[J]. ASME Journal of Applied Mechanics, 2005, 72(1): 115－128.

[94] WANG H T, YAO Z H. A new fast multipole boundary element method for large scale analysis of mechanical properties in 3D Particle－reinforced composites[J]. Computer Modeling in Engineering & Sciences, 2005, 7(1): 85－95.

[95] LEI T, YAO Z H, WANG H T, et al. A parallel fast multipole bem and its applications to large－scale analysis of 3－D fiber－reinforced composites[J]. Acta Mechanica Sinica, 2006, 22(3): 225－232.

[96] WANG P B, YAO Z H. Fast Multipole Boundary Element Analysis of Two－dimensional Elastoplastic Problems[J]. Communications in Numerical Methods in Engineering, 2007, 23(10): 889－903.

[97] 陆明万，罗学富. 弹性理论基础[M]. 2 版. 北京：清华大学出版社，2001.

[98] KACHANOV M. Elastic solids with many cracks and related problems [J]. In Advance in Applied Mechanics, 1993,30: 259－445.

[99] 黄拳章，郑小平，王彬，等. 含液多孔固体介质力学问题的边界元方法[J]. 计算力学学报，2011，28(2):226－230.

[100] 黄拳章，郑小平，姚振汉. 含液多孔固体的边界元方法及其等效力学性质模拟[J]. 清华大学学报(自然科学版)，2011，51(4):41－47.

[101] HUANG Q Z, ZHENG X P, YAO Z H. Boundary Element Method for 2D Solid with Fluid－Filled Pores[J]. Engineering Analysis with Boundary Elements, 2011, 35(2): 191－199.

[102] 孔凡忠．边界元相似子域法研究及应用[D]. 北京：清华大学，2001.

[103] TOUGH J G, MILES R G. A method for characterizing polygons in terms of the principal axes[J]. Computers & Geosciences, 1984, 10(2－3): 347－350.

[104] ZARKOS R W, ROGERS G F. A complete algorithm for computing area and center of gravity for polygons[J]. Computers & Geosciences, 1987, 13(5):561.

[105] 穆斯海里什维里. 数学弹性力学的几个基本问题[M]. 赵惠元，译. 北京：科学出版社，1965.

[106] 尚世英，李庆中.固体发动机药柱热线粘弹性边界元分析[J].推进技术，1993(2): 57－62.

[107] RIZZO F J, SHIPPY D J. An application of the correspondence principle of linear viscoelasticity theory[J]. SIAM Journal on Applied Mathematics, 1971, 22(2): 321－330.

[108] CHRISTENSEN R M. Theory of Viscoelasticity: An Introduction(Second Edition) [M]. New York: Academic Press, 1982.

[109] 蔡峨. 黏弹性力学基础[M]. 北京：北京航空航天大学出版社，1989.

[110] 李庆中. 黏弹性问题时间域边界元解法研究[D]. 西安:西北工业大学，1987.

[111] 朱祖念. 固体火箭发动机设计与研究(上)[M].北京:宇航出版社,1991.

[112] 傅学金. 固体火箭发动机药柱燃烧过程应力应变有限元数值仿真[D].西安:第二炮兵工程学院,2004.